白酒品评与勾调

赵金松　主编

中国轻工业出版社

图书在版编目（CIP）数据

白酒品评与勾调/赵金松主编. —北京：中国轻工业出版社，2024.3

ISBN 978-7-5184-2844-1

Ⅰ.①白…　Ⅱ.①赵…　Ⅲ.①白酒—食品感官评价 ②白酒勾兑　Ⅳ.①TS262.3

中国版本图书馆 CIP 数据核字（2019）第 273703 号

文字编辑：狄宇航
策划编辑：江　娟　　责任编辑：江　娟　王　韧　　责任终审：劳国强
版式设计：锋尚设计　　封面设计：锋尚设计　　责任监印：张京华

出版发行：中国轻工业出版社（北京鲁谷东街 5 号，邮编：100040）
印　　刷：三河市国英印务有限公司
经　　销：各地新华书店
版　　次：2024 年 3 月第 1 版第 4 次印刷
开　　本：787×1092　1/16　印张：10.5
字　　数：250 千字
书　　号：ISBN 978-7-5184-2844-1　定价：68.00 元
邮购电话：010-85119873
发行电话：010-85119832　　010-85119912
网　　址：http://www.chlip.com.cn
Email：club@chlip.com.cn

240474K1C104ZBQ

本书编委会

主　编　赵金松

副主编　张　良　范文来

参　编　李　丹　田　欣　蒋华利　郭　冰　黄志久　边名鸿

前 言

白酒是我国历史悠久的传统蒸馏酒，它是世界六大蒸馏酒之一，由于采用不同的原料及生产工艺，构成了白酒丰富多彩的风味特征，形成了中国白酒种类繁多、风格多样的特点，满足了人们不同口味需求。

白酒的品评、组合与调味这几项工作在白酒生产工作中极其重要，对白酒的感官质量起着重要的作用，是提高产品质量不可分割的一个整体。品评是判定酒质好坏和组合、调味水平的主要依据，而组合和调味又都是在品评的基础上进行的。有人形容组合是“画龙”，调味是“点睛”，品评是鉴别。所以说品评是组合、调味的前提，没有品评就谈不上组合，不会品评的人也不能胜任有水平的组合和调味工作。

对于白酒生产技术人员来讲，他们能够通过品评来了解白酒产品的现状、可能的变化趋势、工艺缺陷以及应采取的工艺措施等。对于消费者，虽然他们饮用白酒的目的不尽相同，但是为了获得最大的享受，也要了解白酒的质量，并且能够讲出白酒的好坏，这就需要他们也具有一定的品评水平。

本书是作者在多年教学、科研及生产实践的基础上，参考国内外一些相关白酒品评勾调书籍以及近年来最新研究成果的基础上编写而成，力求能科学、系统地将白酒品评与勾调的有关概念、原理以及白酒风味化学、白酒香味成分、评酒组织和评酒员以及白酒品评的环境和条件、标准和规则、方法和步骤、评语和计分及影响品评的因素、品评技巧、组合与调味等，介绍给广大读者。

在本书的编写过程中，汇集了泸州老窖集团有限责任公司相关技术人员的智慧，得到了芳醇评荐技术有限公司的大力支持，在此一并致谢。

由于编写时间仓促，作者水平有限，书中难免存在不足之处，恳请读者批评指正。

赵金松

2019 年 9 月

目　录

第一章　绪论

我国是世界上最早的酿酒国家之一，具有灿烂悠久的酿造文明史。含糖野果自然发酵的现象，始于距今4万~5万年前旧石器时代的“新人”阶段。当初，人类最早的酿酒活动，只是简单重复大自然的自酿过程。真正称得上有目的的人工酿酒生产活动，是在人类进入新石器时代即出现了农业之后开始的。这时，人类有了比较充裕的粮食，尔后又制作了陶制器皿，这才使得酿酒成为可能。

白酒是我国特有的一大酒种，它最早产生于酿造酒的再加工，即蒸馏技术。早在秦汉时期，随着炼丹技术的不断发展，经过长期的摸索，炼丹术积累了不少物质的分离、提炼方法，创造了包括蒸馏器具在内的各种设备。因此，中国是世界上第一个发明蒸馏技术和蒸馏酒的国家。也正因如此，中国白酒才有始于秦汉的说法，但中国白酒究竟起源于何时，众说不一。

白酒起源于汉朝之说，是因现存于上海博物馆与白酒相关的汉朝青铜蒸馏器；白酒起源于唐朝之说，是由唐诗“荔枝新熟鸡冠色，烧酒初闻琥珀香”“自到成都烧酒熟，不思身更入长安”而来；据《宋史·食货志》有关记载，北宋初期已有烧酒；支持白酒起源于南宋之说的，是1975年在河北省青龙县出土的经专家考证确认为用于白酒蒸馏的南宋铜制烧酒锅；白酒起源于元朝一说，是根据明朝著名医药学家李时珍在《本草纲目》中所说“烧酒非古法也，自元时创始，其法用浓酒和糟入甑，蒸令汽上，用器承取滴露。凡酸败之酒皆可蒸烧。近时惟以糯米或粳米，或黍或秫，或大麦，蒸熟，和曲酿瓮中七日，以甑蒸取，其清如水，味极浓烈，盖酒露也”。经考证，李时珍的记载与事实有较大出入。以上诸多白酒起源的说法，即使按南宋开始计算，距今也有约1000年的历史。可以肯定地讲，蒸馏技术和蒸馏酒起源于中国是不争的事实。中国白酒的蒸馏技术和酿造方法都是中华民族的伟大发明。

中国白酒与法国白兰地、俄罗斯伏特加、英格兰威士忌、西印度地区朗姆酒、荷兰金酒是世界六大蒸馏酒。在漫长的发展过程中，形成了独特的工艺和风格，在世界蒸馏酒中独树一帜，它以优异的色、香、味、格受到了广大饮用者的喜爱。与其他食品工业相比，白酒工业具有投资省、上马快、积累高、能耗低等特点，在国民经济中具有重要的作用。

中国是礼仪之邦，素有“无酒不成席”“酒逢知己千杯少”之说，这充分反映了中国人民长期以来与酒结下了不解之缘，成为表达友情的一种方式。酒，虽然不是人们生活的必需品，但是社会生活离不开它。多少世纪以来的传统、礼仪、神话和文字记载都赋予酒以特殊的作用。在古代，白酒在人类的战争和日常生活中都占有重要的地位。直到今天，白酒更是我们生活中常用的饮料。不管是日常消费，还是在节假日与亲朋欢聚，白酒都会为我们的生活带来情趣，中国各地还由此产生了许多习惯和传统，体现了中华民族特有的风俗文化，给人们的生活增添了和谐和欢乐的气氛。

白酒是以淀粉质原料或糖质原料，加入糖化发酵剂，经固态、半固态或液态发酵、蒸馏、贮存、勾调而制成的蒸馏酒。白酒除含酒精和水外，还含有很多其他物质，如高级醇、醛类、酯类、酸类等。这些决定白酒质量的成分往往含量很低，占1%~2%，但种类很多，同时其含量配比非常重要，对白酒的质量与风味有着极大的影响。当下，白酒已经成为我们生活中深受欢迎的补充品，成为人类社会进步、生活富足的象征，也是人们沟通友情、分享快乐的桥梁。但是，要更好地了解和鉴赏白酒，还需要我们具有相关方面的知识、经验和技术。

对人类来讲，食品和饮料并不仅仅是为了获取能量、水分和营养。因为从所有为了生存的行为出发，人类还发展了一些纯美学的行为，而且由此产生了艺术。人类的饮食行为以及与之相关的嗅觉和味觉也不例外，因此食品和饮料也属于艺术作品。就像音乐和声乐技术一样，品评和勾调也是技术，但它必须建立在科学的基础之上。这就是白酒品评和勾调所需要研究的内容。

第一节　相关定义

在日常生活中所说的品评，用专业术语讲，就是感官分析。我国《白酒感官品评术语》（GB/T 33405—2016）和《白酒感官品评导则》（GB/T 33404—2016）对感官分析和相关词汇做了如下定义：感官分析就是用感觉器官检查产品的特性；所谓“感官”，就是与感觉器官有关的；感官特性是用感觉器官感知的产品的有关特性，而感觉则是感官刺激引起的主观反应。因此，感官分析就是利用感官去了解、确定产品的感官特性及优缺点，并最终评价其质量的科学方法，即利用视觉、嗅觉和味觉对产品进行观察、分析描述定义和分级。白酒感官分析包括四个阶段：①利用感官（包括眼、鼻、口）对白酒进行观察，以获得相应的感觉；②对所获得的感觉进行描述；③与已知标准进行比较；④最后进行归类分级，并做出评价。

在感官分析中，品评员是指参加感官分析的人员。优选品评员是指挑选出的具有较高感官分析能力的品评员；专家品评员是指具有高度感官敏感性和丰富的感官分析经验，并能对所涉及领域内的各种产品做出一致、可重复的感官评价的优选品评员；专业的专家品评员则是具备生产和（或）加工、营销领域专业经验，能够对产品进行感官分析，并能评价或预测原材料、配方、加工、贮藏、老熟等有关变化对产品影响的专家品评员；评价小组是指由参加感官分析的品评员组成的小组。

虽然品评并不是感官分析的同义词，但国家标准规定，品评是在嘴中进行的感官评价。我们知道，专业性很强的词汇，往往是知识传播的第一障碍，而且在日常生活中，人们习惯用品评一词来描述对食品的感官分析。例如，我们在品尝菜肴时，往往讲究色、香、味、型、意，也就是感官分析。所以在本书中，我们用感官分析来定义品评，用国家级品评员定义专家评价品评员，用具有省级评委或考取一级、二级、三级品酒师定义专业品评员，用评价小组定义品评组。这样，我们就可以将白酒品评定义为：利用感官去了解、确定白酒的感官特性及其优缺点，并最终评价其质量的科学方法，即利用视觉、嗅觉和味觉对白酒进行观察、分析、描述、定义和分级。

在简单的“喝”的过程中，也存在着这四个阶段，但它们是在潜意识中进行的。要将“喝”变为品，就必须高度集中注意力，主动利用品评的每一个阶段，以获得和储存尽量多的信息，并用准确、清楚的词汇进行表述，最后做出客观的评价。这也是品评的困难之处。

在众多饮料中，白酒的种类最多，气味和口感变化最大，也最为复杂。目前，在白酒中已鉴定出1000多种化学成分，而且随着科学技术的不断发展，肯定会在白酒中发现更多成分。其次，由于白酒的固态发酵、开放式生产工艺，同时受到水质、气候、土壤、生态环境、原料品种以及酿造、储存方式等条件的综合影响，产生了香型繁多的白酒；白酒香型不同，其质量标准亦不相同；即使在同一种香型的白酒中，也存在着各种质量等级。所以，必须通过勾调统一口味，去除杂质，协调香味，从而满足不同消费者的爱好。

勾调是白酒行业中的一个专业技术术语，其实在很多时候，酒类科研技术人员在口语上也会把“勾调”称为“勾兑”。它的真正含义是指：在同一香型白酒中，把不同质量、不同特点的酒按不同的比例搭配掺和在一起，使白酒的“色、香、味、格”等达到某种程度上的协调与平衡。勾调包括了组合和调味两道工序，是平衡酒体，使酒的质量差别得到缩小，质量得到提高，使酒在出厂前稳定质量，取长补短，统一标准，并保持独有风格的专门技术。勾调不是简简单单地向酒里掺水，而是白酒酿造的一项非常重要而且必不可少的工艺，离开该过程，白酒的质量就无法保证，口感就不能稳定。由于不同地区的消费习惯存在差异，勾调具有明显的区域性特征。消费层的多元化决定了勾调的多层次，根据饮食文化、风土人情的差异，勾调必须多样化，还必须适应时代发展和消费心理的变化，设计出适销对路的产品。

第二节 品评与勾调的作用

一、 白酒品评的意义

白酒的品评又称为尝评或鉴评，是利用人的感觉器官（视觉、嗅觉和味觉）来鉴别白酒质量优劣的一门检测技术，它具有快速而又较准确的特点。到目前为止，还没有被任何分析仪器所替代，是国内外用以鉴别食品内在质量的重要手段。

1. 快速

白酒的品评，不需经过样品处理而直接观色、闻香和品味，根据色、香、味的情况确定风格和质量，这个过程短则几分钟，长则十几分钟即可完成。只要具有灵敏度高的感觉器官和掌握品评技巧的人，就很快能判断出某一种白酒的质量好坏。

2. 比较准确

人的嗅觉和味觉的灵敏度较高，能比较准确地判断酒的质量。在空气中存在3×10^{-7}mg/L

的麝香香气都能被人嗅闻出来；乙硫醇的浓度只要达到 6.6×10^{-7}mg/L，就能被人感觉到。可见对某种成分来说，人的嗅觉甚至比气相色谱仪的灵敏度还高，而且精密仪器的分析结果，通常需要经过样品处理才能分析得到。

3. 方便

白酒品评只需要品酒杯、品评桌、品评室等简单的工作条件，就能完成对几个、几十个、上百个样品的质量鉴定，方便简洁的特点非常突出。

4. 适用

品评对新酒的分级、出厂产品的把关、新产品的研发、市场消费者喜爱品种的认识都有重要的作用。而且品酒师的专业品评与消费者的认知度如果一致，就会对产品的消费产生重要的影响。

然而，感官品评也不是十全十美的，它受地区性、民族性、习惯性以及个人爱好和心理等因素的影响，同时难以用数字表达。因此，感官品评不能代替化验分析，而化验分析因受香味物质的温度、溶剂、异味和复合香的影响，只能准确测定含量，因而对呈香、呈味及其变化也不能准确地表达。所以，化验分析代替不了品评，只有二者有机结合起来，才能发挥更大作用。

二、 品评的作用

（1）品评是确定质量等级和评选优质产品的重要依据。对企业来说，应快速进行半成品和成品检验，加强中间控制，以便量质接酒、分级入库和贮存，确保产品质量稳定和不断提高。为此，建立一支过硬的评酒技术队伍是非常必要的。

国家机关和管理部门通过举行评酒会，检评质量，分类评优，颁发质量证书，这对推动白酒行业的发展和产品质量的提高能起到很大的作用。优质产品分国家级、部级、省级和市级，主要是通过对白酒的品评选拔出来的。

（2）通过品评可以了解名优白酒的长处，找出本厂产品的不足和差距，以便采取措施，提高本厂产品质量。

（3）利用品评鉴别假冒伪劣商品。在流通领域里，假冒名优白酒商品冲击市场的现象屡见不鲜。这些假冒伪劣白酒的出现，不仅使消费者在经济上蒙受损失，而且使生产名优白酒的企业的合法权益和声誉受到严重的侵犯和损害。实践证明，感官品评是识别假冒伪劣酒的直观而又简便的方法。

（4）通过品评还可以广泛征求消费者的意见，提高和改善产品质量，满足市场需求，增强产品竞争力。

（5）在生产过程中，通过品评可以及时发现产品的质量问题，再结合化验分析，为进一步改进工艺、提高产品质量提供依据。

（6）在基酒的生产过程中，通过品评可以及时确定产品的香型和等级，做到按质定级、分级贮存，为勾调做好准备；同时还可以掌握基酒在贮存过程中的变化情况和成熟规律，为提高产品质量提供科学依据。

（7）加速检验勾调效果。组合和调味是白酒生产的重要环节，通过组合和调味能巧妙地将基酒和调味酒合理搭配，使酒的香味达到平衡、谐调的效果，突出典型风格。为了稳定和提高产品质量，需要通过品评来检验和判断勾调效果。组合和调味离不开品评，品评是为了更好地组合和调味。

总之，品评在白酒行业中起着极为重要的作用，不仅基酒的分类、分级要通过品评来确定，而且组合调味的效果、成品酒出厂前的验收也要由品评来把关。也就是说，品评贯穿于白酒生产的许多重要环节。因此，人们常把一个厂的品评技术水平当成这个酒厂产品质量好坏的重要标志。

三、 勾调的作用

勾调是生产中的一个组装过程，是指把不同车间、班组以及窖池和糟别等生产出来的各种酒，通过巧妙的技术组装，组合成符合本厂质量标准的基础酒。基础酒的标准是“香气正，形成酒体，初具风格”。勾调在生产中起到取长补短的作用，重新调整酒内的不同物质组成和结构，是一个由量变到质变的过程。

无论是我国的传统法白酒生产，还是其他新型白酒的生产，由于生产的影响因素复杂，生产出来的酒质相差很大。例如，固态法白酒生产，基本采用开放式操作，富集自然界多种微生物共同发酵，尽管采用的原料、制曲和酿造工艺大致相同，但由于不同的影响因素，每个窖池所产酒的酒质是不相同的。即使是同一个窖池，在不同季节、不同班次、不同的发酵时间，所产酒的质量也有很大差异。如果不经过勾调，每坛酒分别包装出厂，酒质极不稳定。通过勾调，可以统一酒质、统一标准，使每批出厂的成品酒质量基本一致。

勾调可起到提高酒质的作用，实践证明，同等级的原酒，其味道各有差异，有的醇和，有的醇香而回味不长，有的醇浓回味俱全但甜味不足，有的酒虽然各方面均不错，但略带杂味、不爽口。通过勾调可以弥补缺陷，使酒质更加完美一致。

第三节 品评与品评员

白酒是用于消费和鉴赏的，因此，很自然地品评就成为评价白酒质量的最有效手段之一。实际上，只有品评才是我们真正认识白酒的唯一手段。任何人都可以品评，而且都可能成为品评员。但是，要使一般的“喝”变成品评，就必须集中注意力，努力捕捉并且正确表述自己的感觉。毫无疑问，品评最大的困难是描述自己的感受，并给予恰当的评价。

品评是一门科学，也是一门艺术。同时，品评还是一种职业，或者是职业的一部分。品评的学习方法，主要是在有了一定的理论基础和训练后，在有经验的、能正确表达其感觉的专家品评员的指导下，经常进行品评，就能记住很多表达方式。这也是一种实实在在的味觉和嗅觉的训练。但是，在这种情况下，教师和学生之间的联系，始终是不完全的。因为在白酒面前，任何人都只能代表个人，每一个人都有自己不能言传的感觉。要成为一个品评员，需要个人不懈的努力、专心致志和持之以恒。

要成为优秀的品评员，除必需的生理条件和良好的工作方法外，最主要的是个人的兴趣和热情。要品评白酒，就必须热爱白酒；学习品评白酒，也就是学习热爱白酒。大多数人都具备白酒品评必需的嗅觉和味觉，而最缺乏的是给他们提供经常品评不同白酒的机会。

当然，有的人某些方面的感觉特别敏锐，还有极少数人对所有的味觉和嗅觉都非常敏锐。他们的这些优点，同时也源于他们已经训练出来的敏锐度和区别不同感觉的能力。由于生理方面的原因造成的嗅觉和味觉严重减退的人很少。通常情况下，如果嗅不到某种气味，是因为他不认识或者不知道怎样辨别这种气味，在味觉上也有同样的情况。但是，不同的人，对同一种味或香气的敏感性的差异可以是很大的。根据这一现象，可以这样认为，每一个人对每一种感觉都有一个固定的感觉的最低临界值。要达到这一临界值，就必须经过长期的训练。

在白酒的品评过程中，人的感官就像测量仪器那样被利用。我们可建立一些规则，以使这些“仪器”更为精确，避免出现误差。但是，对于品评员本人来讲，他不只是“仪器”，不只是操作者，他同时也是解释者，还是评判者。他可以表现甚至想象出他所品评白酒的样子，而且我们不能用任何仪器来替代；他的不全面性，正是他个性的一部分，这就是品评的反常现象，即尽量使主观的手段成为客观的方法。因此，要使品评成为真正的客观方法，除了其他方面外，品评员还必须具备以下三方面的基本素质：

（1）具有尽量低的味觉和嗅觉的感觉阈值（敏感性）。

（2）对同一产品重复品评的回答始终一致（准确性）。

（3）精确地表述所获得的感觉（精确性）。

第四节　品评与勾调学

品评是利用人的感觉器官（视觉、嗅觉和味觉），按照各类白酒的质量标准来鉴别白酒质量优劣的一门检测技术。它具有快速、准确的特点。所以，品评是勾调的最好手段，一名不懂得品评的酿酒师，是很难酿造出高质量白酒的。同样，一个没有白酒生产知识的人，也很难成为优秀的白酒品评员。

有的学者将白酒品评作为白酒分析的一部分，这并不很确切。因为白酒分析虽然能帮助我们了解白酒的成分，帮助我们品评白酒，但分析本身并不能最终评价白酒的质量。而只有品评，才是评价白酒质量最有效的手段。

很显然，白酒的感官质量，与白酒香型、酿造工艺及贮存方式密切相关。因为它们决定了白酒的成分和感官特性。白酒的香型和工艺是白酒生产工艺学涉及的内容。但是要想真正了解白酒的感官特征，还必须具有建立在感官生理学原理基础之上的一系列正确的品评方法。

勾调学是由白酒组合调味工艺发展、演变、深化而形成的，指导企业设计、生产出独具特色的产品的科学。品评是组合和调味的先决条件，是判断酒质的主要依据；组合是一个组装过程，是调味的基础；调味则是掌握风格、调整酒质的关键。因此，勾调工作应根据人们需求的发展趋势及时调整产品的设计方案和质量标准，以适应社会发展的趋势。

第二章　品评的生理学

与所有感官分析一样，白酒的品评就是利用我们的感觉器官，对白酒的感官特性和质量进行分析，即利用视觉、嗅觉和味觉对白酒进行观察、分析、描述、定义、分级，即所谓“眼观其色，鼻闻其香，口尝其味”。显然，不了解神经生理学原理也可以品评。但是，只要将酒杯靠近鼻或口的时候，神经生理学原理就会起作用。事实上，我们时刻都在无意识中利用我们的感觉。感觉刺激通过神经系统的传递、神经向大脑的响应等，就构成了信息和信息处理的复杂而连续的网络。当然，品评员并不需要成为神经生理学方面的专家，但对品评生理学的了解，可以帮助他们更好地创造适当的条件，防止知觉错误，避免受其他因素的干扰，使他们的感觉更为纯粹，信息传递更为完整。

第一节　视　　觉

视觉是人的感觉之一，眼睛为视觉器官。人眼感觉到的可见光是在400~750nm范围内的电磁波。当一束光通过棱镜时，就分为红、橙、黄、绿、青、蓝、紫七色光组成的光带，实际上，白光是由各种色光按一定比例组成的混合光。在白光照射下，如果溶液不吸收可见光，则白光全部透过，溶液呈无色透明。如果可见光全部被吸收，则溶液不透光，呈现黑色。关于视觉对色泽的分辨原理学说法不一，目前对于眼底锥体细胞中存在可吸收红、绿、蓝三基色光的感光色素的说法，在科研上已有新的进展。红、绿、蓝三种光混合比例不同，就可形成不同的颜色，如红与绿呈黄色，红与黄呈橙色，红与蓝呈紫色。

在白酒品评中，我们利用视觉感官来判断白酒的色泽和外观状况，其中包括透明度、有无悬浮物和沉淀物、酒体稠度等。在感官上，不能正确鉴别颜色的视觉缺陷者为色盲，患有色盲的人不能当品评员。

第二节　嗅　　觉

人的嗅觉器官是鼻腔。当有香物质混入空气中，经鼻腔吸入肺部时，经由鼻腔的甲介骨形成复杂的流向，某一部分达到嗅觉上皮，此部位上有黄色素的嗅斑，呈7~8角形星状，其大小 2.7~5.0cm^2。嗅觉上皮有支持细胞、基底细胞和嗅觉细胞，为杆状，一端到达嗅觉上皮表面，浸于分泌在上皮表面的液体中；另一端是嗅球部分，与神经细胞相连，把刺激传达到大脑。嗅觉细胞的表面由于细胞的代谢作用，经常保持负电荷。当遇到有香物质时，则表面电荷发生变化，从而产生微电流，刺激神经细胞，使人嗅闻出香气。从嗅闻到气味发生嗅觉的时间为 0.1~0.3s。

一、 人的嗅觉灵敏度较高

人的嗅觉灵敏度较高，但与其他嗅觉发达的动物相比，还相差甚远。

二、 人的嗅觉容易适应，也容易疲劳

在某种气味的场合停留时间过长，对这种气味就不敏感了。当人们的身体不适、精神状态不佳时，嗅觉的灵敏度就会下降。所以，利用嗅觉闻香要在一定身体条件下和环境中才能发挥嗅觉器官的作用。在品评酒时，如何避免嗅觉疲劳极为重要。伤风感冒、喝咖啡或嗅闻过浓的气味，对嗅觉的干扰极大。在参加品评白酒的活动时，首先要休息好，不许带入化妆品之类的芳香物质进入品评室，以免污染品评环境。

三、 有嗅盲者不能参加品评

对香气的鉴别不灵敏的嗅觉视为嗅盲，患有鼻炎的人往往容易产生嗅盲。有嗅盲者不能参加品评。

四、 有血行性缺陷的人也不能参加品评

所谓有血行性缺陷是对大家喜欢的香味而其本人感到讨厌的嗅觉。在特殊情况下，人有血行性嗅觉。据资料报道，在静脉中注射“阿里那敏”，片刻感到有大蒜的气味；用生理盐水溶解有香物质后注射，也出现有气味的感觉，甚至有嗅盲者利用此法也会闻到有气味的感觉，这说明，在品酒前不能静脉注射此类药物。

第三节 味 觉

所谓味觉，是呈味物质作用于口腔黏膜和舌面的味蕾，通过味细胞再传入大脑皮层所引起的兴奋感觉，随即分辨出味道来。不同味觉的产生是由味细胞顶端的微绒毛到基底接触神经处在毫秒之内传导信息，使味细胞膜振动发出的低频声子的量子现象。据资料报道，食盐的咸味相当于振动频率 213cm^{-1}，酸味的振动频率超出 230cm^{-1}范围，甜味的振动频率可能在此附近，苦味可能在 200cm^{-1}以下。

一、 口腔黏膜和舌面

在口腔黏膜尤其是舌的上表面和两侧分布许多突出的疙瘩，称为乳头。在乳头里有味觉感受器，又称味蕾，它是由数十个味细胞呈蕾状聚集起来的。这些味蕾在口腔中还分布在上腭、咽头、颊肉和喉头中。

不同的味蕾乳头形状显示不同的味感。如舌尖的茸状乳头对甜味和咸味敏感，舌两边的叶状乳头对酸味敏感，舌根部的轮状（廓）乳头对苦味敏感。有的乳头能感受两种以上味感，有的只能感受一种味感。所以，口腔内的味感分布并无明显的界限。有人认为，舌尖占味觉60%，舌边占30%，舌根占10%左右。

从刺激到味觉仅需1.5~4.0ms，较视觉快一个数量级。咸感最快，苦感最慢。所以在品评酒时，有后苦味就是这个道理。

二、 味蕾内味细胞的感觉神经分布

味蕾内味细胞的基部有感觉神经（神经纤维）分布。舌前2/3，味蕾与舌面神经相通；舌后1/3，味蕾与舌咽神经相通；软腭、咽部的味蕾与迷走神经相通。

三、 基本味觉及其传达方式

在世界上最早承认的味觉，是甜、咸、酸、苦4种，又称基本味觉，鲜味是后来被公认为味觉的。辣味不属于味觉，是舌面和口腔黏膜受到刺激而产生的痛觉。涩味也不属于味觉，它是由于甜、酸、苦味比例失调所造成的。

基本味觉是通过唾液中酶进行传达的，如碱性磷酸酶传达甜味和咸味，氢离子脱氢酶传达酸味，核糖核酸酶传达苦味。所以，我们在品酒前不能长时间说话、唱歌，应注意休息，以保持足够的唾液分泌，使味觉处于灵敏状态。

四、 味觉容易疲劳，也容易恢复

味觉容易疲劳，尤其是经常饮酒、吸烟及吃刺激性强的食物会加快味觉的钝化。特别是长时间不间断地进行品酒，更使味觉疲劳以致失去知觉。所以在品酒期间要注意休息，防止味觉疲劳，避免受刺激的干扰。

味觉也容易恢复。只要品酒不连续进行，且在品酒时坚持用茶水漱口，以及在品酒期间不吃刺激性的食物，并配备一定的佐餐食品，都有利于味觉的恢复。

五、 味觉和嗅觉密切相关

人的口腔与鼻腔相通。当我们在吃食物时，会感到有滋味，这是因为，一方面食物以液体状态刺激味蕾，而另一方面以气体状态刺激嗅细胞形成复杂的滋味的缘故。一般来说，味觉与嗅觉相比，以嗅觉较为灵敏。实际上味感大于香感。这是由鼻腔返回到口腔的味觉在起作用，我们在品酒时，酒从口腔下咽时，便发生呼气动作，使带有气味的分子急于向鼻腔推进，因而产生了回味。所以，嗅觉再灵敏也要靠品味与闻香相结合才能做出正确的香气判断。

六、 味蕾的数量随年龄的增长而变化

一般10个月的婴儿味觉神经纤维已成熟，能辨别出咸、甜、酸、苦味。味蕾数量在4~5岁增长到顶点。成人的味蕾约有9000个，主要分布在舌尖和舌面两侧的叶状乳头和轮状乳头上。到75岁以后，味蕾的变化较大，由一个轮状乳头内的208个味蕾减少到88个。有人试验，儿童对0.68%的稀薄糖液就能感觉出来，而老年人竟高出2

倍。青年男女的味感并无差别。50 岁以上时，男性比女性有明显的衰退。无论是男士或女士，在 60 岁以上时，味蕾衰退均加快，味觉也更加迟钝了。烟酒嗜好者的味觉衰退尤甚。

虽然味觉的灵敏度随年龄的增长而下降，但年长的品评专家平时所积累的丰富品评技术和经验是极其宝贵的，他们犹如久经沙场、荣获几连冠的体育运动员一样，虽随年龄增长，不能参加比赛而退役了，但他们可以胜任高级教练，为酒业的发展继续贡献力量。

第四节　气味理论及其应用

空气中飞散的气味分子所呈气味并非一成不变，它随着温度、浓度以及环境的变化而有所改变，不但其强度有所变化，并且香臭亦因之而异。

一、 气味的各种现象

1. 温度

由于气味分子多具有挥发性，故此，气味与温度密切相关。温度偏高时，散入空气中的气味分子多，所以其呈味也浓。温度低时则反之。温度在食品气味中尤为重要，例如黄酒烫着喝才够味，啤酒冰镇才过瘾，就是这个道理。

2. 浓度

浓度对物质的气味也有重要影响，如香精是臭的，将它稀释几千倍乃至几万倍就变成了香水，便成为芳香扑鼻的香味了。丁醇在臭味中是很有名气的，在极稀薄的情况下则呈水果香。乙酸乙酯浓时是喷漆的味道，在稀薄情况下则呈水果香或梨香。再如，硫化氢浓时是臭鸡蛋、臭豆腐的臭味，但在稀薄情况下与其他香味成分共同组成松花蛋的香气；更加稀薄时，与其他成分共同组成新稻谷米饭的香气。如果将其中的硫化氢除去，顿时失去新稻谷的米饭香了。

3. 易位

有的气味物质在某种食品中是不可缺少的重要香气组分，但在另一种食品中它竟成为难以接受的臭味了。例如双乙酰，它是奶酪的主体香气，又是白酒、威士忌酒、卷烟、茶的香气成分，但它却是啤酒、黄酒的大敌。啤酒中双乙酰如果超标，就会使人难以下咽。又如三甲胺是鱼虾的腐败臭，使人厌恶，俗称其为“粪臭素”。但是，在卤虾油、臭虾酱中如果没有点三甲胺可就大煞风景了。

4. 溶剂

许多呈味物质，溶于不同溶剂中，其呈味不同，如氨基酸溶于水中微甜，溶于乙醇中则呈苦味。溶剂不同，其呈味浓度亦不相同。

5. 复合香

两种或两种以上香味物质混合时，与单体的呈香有很大的变化，例如香兰醛是饼干味，β-苯乙醇带蔷薇香气，二者相混合时，却变成了白兰地的特有香气。又如乙醇微甜，而乙醛则带有黄豆臭，二者相遇却呈现新酒刺激性极强的辣味。两种以上香味物质混合，不但改变了单体所特有的香味，有时呈现相乘和相杀作用。

二、 气味阈值

阈值又称为临界值，是指一个效应能够产生的最低值或最高值。此名词广泛用于各方面，包括建筑学、生物学、飞行、化学、电信、电学、心理学等。味的阈值一般包括嗅觉和味觉两个方面。气味阈值是指在一定的温度和压力条件下，把该物质与纯空气分开的最低浓度。只有在阈值以上才能闻到该气味，气味浓度与物质浓度不同。味觉阈值是指在一定条件下被味觉系统所感受到的某刺激物的最低浓度值，单位有质量分数（%）、摩尔浓度（mol/L）、质量体积浓度（mg/L）等。

三、 嗅觉疲劳

嗅觉会产生疲劳，即通常所称的嗅觉疲劳现象或嗅觉适应现象。这一现象可用来研究气味物质的相关性。例如，只是一次吸入浓度为阈值 64 倍的有气味空气，会降低鼻子对相同气味的敏感性约 15s，这种效应称为自适应。即使实验的气味与适应的气味具有颇为相近的关系，鼻子对实验气味的敏感性的降低也会少一些。而对于无相互关系的实验气味，敏感性一般不受影响。为了证明不同气味之间的交叉适应，需要严格坚持周密的实验设计，即使如此，鼻子的敏感性也会由于一个极为微小的因数（如被检气味的阈值浓度大约只要经过一次 2 倍的稀释）而降低。有可能交叉适应度越高，被检气味的气味品质与所适应的气味越加接近。

嗅觉疲劳是气味技术学中的重要现象之一。因为长期接触一种气味，不论是香味或异味，都会使所感受气味的嗅觉强度不断减弱。一旦远离该适应气味，呼吸清新空气，则对所适应的气味的敏感性就会相应地得到恢复。香水制造者有时就利用选择性嗅觉疲劳来降低鼻子对混合香料中主要成分的敏感性，以鉴定其中的次要成分或异香。这对白酒勾调工艺中的组合、调味工序的技术操作者极具启发性。

四、 嗅觉失常

人类嗅觉的好坏和变化关系着人们的身心健康。即使是一个健康的人，由于种种原因，一生中也会发生嗅觉障碍，产生“嗅觉异常”现象，这是一个不容忽视的问题。人类随着年龄的增长，嗅觉敏感性会逐渐降低，但减退的程度差异较大。有资料表明，在 70~79 岁的人群中，中度嗅觉减退者达 53%。如果把对所有气味都不敏感者称嗅觉丧失，把只对某些气味不灵敏或辨别不清者称嗅盲，有人估计，男、女嗅盲均占人类的 7%。气味不同，嗅盲的比例也不一样，例如，对表现汗臭的异戊酸无嗅感的人占 2%，对硫醇无嗅感的人占 0.1%。有一些人对香臭气味有错误判断，称为嗅觉倒错现象。还有一些人，在不存在气味时产生嗅到气味的感觉（幻嗅），或时时处处感到气味触鼻、嗅觉过敏等。以上种种都是嗅觉的异常现象，都会给人们带来很多烦恼。

第五节　嗅觉、味觉特性及其影响因素

一、 嗅觉特性及影响因素

（一） 嗅觉特性

1. 敏锐性

人的嗅觉有一定的敏锐性，有些气味即使存在几毫克/升，也能被人觉察到。某些动物比人的嗅觉更灵敏，例如犬类比人类嗅觉要敏感100万倍。

2. 疲劳性、适应性和习惯性

香水虽然气味芬芳，但洒在室内久闻却不觉其香，这说明嗅觉是比较容易疲劳的，这是嗅觉的特征之一。由于嗅觉疲劳造成的结果，使我们对某些气味产生适应性，例如长时间在恶臭环境下工作的人并不觉其臭，这说明他们的嗅觉已经适应了环境气味。另外，当人的注意力分散到其他方面时，也会感觉不到气味，这是对气味习惯的原因。

3. 个人差异性

嗅觉的个人差异性相当大，存在有嗅觉敏锐和嗅觉迟钝的人。而且，即使是嗅觉敏锐的人也会出现因气味而异的现象，并非对所有的气味均敏锐。有的人对许多气味敏锐但对某一种气味却非常迟钝，更极端的情况便是下面讲到的嗅盲。

4. 嗅盲和遗传

某些人对某种或者某些气味无嗅感。据推测人类有14%的人有嗅盲，它是一种先天性症状，似乎是一种单纯的劣伴性遗传所造成的。

5. 阈值的变动

当身体疲倦、营养不良或患有各种疾病时，会使嗅觉对气味的敏感程度下降，导致阈值发生变动。

（二） 影响嗅觉的因素

影响嗅觉的因素有多种，主要是以下几种。

1. 流速的影响

以阵阵有间隔的方式给鼻腔提供气流，速度越快则气味强度越强。原因是增大流速会相应增加单位时间内气味物质通过嗅上皮的量，也就相应增加了浓度，所以气味强度加强。

2. 温度的影响

气味物质的温度升高会使气味强度加强，温度降低使强度降低。原因是气味物质的挥发性随温度升高而升高，随温度降低而降低，其结果改变了到达嗅上皮的气味物质浓度而改变了气味强度。

3. 嗅觉疲劳的影响

嗅觉疲劳也称嗅觉适应现象，这是香味学中的一个重要现象。长期接触某种气味，无论该气味是令人愉快的香味还是令人憎恶的气味，都会引起人们对所感受气味强度的不断减弱，一旦脱离该气味，使其暴露于新鲜空气中，则对所感受气味的敏感性会得到相应的恢复。甚至一次吸入为阈值64倍浓度的某气味物质，将会使鼻子在15s内失去嗅觉。试验气味与适应气味如果近似，那么鼻子对试验气味的敏感性也会降低一些，而对实验无关的气味则一般不受影响。利用这种效应，人们可以鉴别香精中众多成分中的次要成分或异香。

4. 双鼻孔刺激的影响

人们发现，一次用一个鼻孔感觉气味比用双鼻孔感觉气味的强度稍有减少，这说明两鼻孔的嗅感有某种加合性。

二、 味觉特性及影响因素

（一） 味觉特性

味觉是某些溶解于水或唾液的化学物质（也称呈味物质）作用于舌面和口腔黏膜上的味蕾所引起的感觉。味觉一般都具有灵敏性、适应性、可融性、变异性、关联性等基本性质。

1. 味觉的灵敏性

味觉的灵敏性是指味觉的灵敏程度，由感味速度、呈味阈值和味分辨力3个方面综合反映。

（1）感味速度　呈味物质一进入口腔，很快就会产生味觉。一般从刺激到感觉仅需要$1.5\times10^{-3}\sim4.0\times10^{-3}$s，比视觉反应还要快一个数量级，接近神经传导的极限速度。

（2）呈味阈值　阈值是可以引起味觉的最小刺激值，通常用浓度表示，可以反映味觉的强度。阈值越低，其敏感程度越高。呈味物质的阈值一般较小，阈值种类不同，会产生一定的差异。根据阈值测定方法的不同，又可将阈值分为：

绝对阈值：指人感觉某种物质的味觉从无到有的刺激量。

差别阈值：指人感觉某种物质的味觉有显著差别的刺激量的差值。

最终阈值：指人感觉某种物质的刺激不随刺激量的增加而增加的刺激量。

（3）味分辨力　人对味具有很强的分辨力，可以察觉各种味感之间非常细微的差异。据实验表明，通常人的味觉能分辨出5000余种不同的味觉信息。

2. 味觉的适应性

味觉的适应性是指由于某一种味的持续作用而产生的对该味的适应，如常吃辣椒而不觉辣，常吃酸而不觉酸等。味觉的适应有短暂和永久两种形式。

（1）味觉的短暂适应　在较短时间内多次受某一种味刺激，所产生的味觉的瞬时对比现象，是味觉的短暂适应。它只会在一定的时间内存在，稍过便会消失。交替品评不同的味可防止其发生。

（2）味觉的永久适应　是长期经受某一种过浓滋味的刺激所引起的。它在相当长的一段时间内都难以消失。在特定水土环境中长期生活的人，由于经常接受某一种过重滋味的刺激，便会逐渐养成特定的口味习惯，产生味觉的永久适应，如四川人喜食辣椒的辣味，山西人喜食较重的醋酸味，就是如此。受个人饮食习惯（包括嗜好、偏爱等）的影响也会引起味觉的永久适应。

3. 味觉的可融性

味觉的可融性是指数种不同味相互融合而形成一种新的味觉。经融合而成的味觉绝非几种其他味的简单叠加，而是有机地融合，自成一体。在融合中会出现味的对比、相乘、消杀等现象。

（1）味的对比现象　指两种或两种以上的呈味物质，适当调配，可使某种呈味物质的味觉更加突出的现象。如在10%的蔗糖中添加0.15%氯化钠，会使蔗糖的甜味更加突出，在醋酸中添加一定量的氯化钠可以使酸味更加突出，在味精中添加氯化钠会使鲜味更加突出。

（2）味的相乘作用　指两种具有相同味感的物质进入口腔时，其味觉强度超过两者单独使用的味觉强度之和，又称为味的协同效应。甘草铵本身的甜度是蔗糖的50倍，但与蔗糖共同使用时，末期甜度可达到蔗糖的100倍。

（3）味的消杀作用　指一种呈味物质能够减弱另外一种呈味物质味觉强度的现象，又称为味的拮抗作用，如蔗糖与硫酸奎宁之间的相互作用。

（4）味的变调作用　指两种呈味物质相互影响而导致其味感发生改变的现象。刚吃过苦味的东西，喝一口水就觉得水是甜的。刷过牙后吃酸的东西就有苦味产生。

（5）味的疲劳作用　当长期受到某种呈味物质的刺激后，就感觉刺激量或刺激强度减小的现象。

4. 味觉的变异性

味觉的变异性是指在某种因素的影响下，味觉感度发生变化的性质。所谓味觉感度，指的是人们对味的敏感程度。味觉感度的变异有多种形式，分别由生理条件、温度、浓度、季节等因素引起。

5. 味觉的关联性

味觉的关联性是指味觉与其他感觉相互作用的特性。人们的各种感觉都必须在大脑中反应，当多种感觉一起产生时，就必然发生关联。与味觉关联的其他感觉主要有嗅觉、触觉等。

（1）味觉与嗅觉的关联　在所有的其他感觉中，嗅觉与味觉的关系最密切。通常我们感到的各种滋味都是嗅觉和味觉协同作用的结果。患感冒时，鼻子不通气，便会降低对呈味物质的味觉感度。不过，需要注意的是，香是气味，与滋味有着本质的区别，虽然联系紧密，但切勿混为一谈。

（2）味觉与触觉的关联　触觉是一种肤觉（口腔皮肤的感觉），如软硬、粗细、黏爽、老嫩、脆韧等。它对味觉的影响是显而易见的，一般通过与嗅觉的关联，而与味觉发生关系，如焦香则味浓，鲜嫩则味淡。它也可以直接与味觉相关联，从而影响味的浓淡。

（3）味觉与视觉的关联　视觉是对白酒的色泽和外观状况的感觉，如无色透明、有无沉淀、悬浮物等，以上这三种感觉与味觉关系密切，所以在味的广义概念中把它们包括了进去，人们在品评白酒时实际上是滋味、触感的综合感受。

（二） 影响味觉的因素

影响味觉的因素主要有以下几种。

1. 人体的生理机能情况

引起人们对味觉感度改变的生理条件主要有年龄、性别及某些特殊生理状况等。

（1）健康状况　健康状况不同的人，味觉的感应程度有很大区别。健康人感应味觉的灵敏度高，非健康的人感应味觉的灵敏度差。比如人在感冒或患某些疾病之后，品评白酒都会感觉无味。

（2）年龄状况　健康状况相同的人，幼年的味觉灵敏度最高，感应味觉的程度也最高；青年人的味觉灵敏度较高，感应味觉的程度较高；老年人的味觉灵敏度较差，所以对味觉的感应程度最小。有一项研究表明，味觉在婴儿时期最发达，到了 80 岁的时候，味蕾的数量只有儿童时期的 1/8。

（3）性别情况　同等健康状况、年龄相同的人，女性的味觉灵敏度较高，感应味觉的程度高，男性相对比较低。

（4）劳动强度的不同　劳动强度不同的人对味觉的感受不一样。劳动强度大的人，对味觉的感受能力较强，所以吃什么东西都感觉到味道很好；而劳动强度小的人，由于肠胃的机能比较差，在神经系统中对食物具有一定的排斥作用，因此味觉的感应能力就比较差，吃什么东西都觉得味道一般。

（5）人的饥饿状况　人处于饥饿状态对味觉的灵敏度高，也会产生什么都很想吃而且很好吃的情况，所以对味道的要求不很高；而对于并不怎么饥饿的人来说，味觉的灵敏度较差，所以对味道的要求就比较高，也比较挑剔。

2. 呈味物质本身的情况

（1）温度　温度是影响味觉的一大因素，温度引起味感感度的变化比较明显，尤其是呈化学物质的味，受温度影响很大。人体的温度是 37℃，最适宜的味觉产生的温度是 10~40℃，尤其是 30℃最敏感，大于或小于此温度都将变得迟钝。温度对呈味物质的阈值也有明显的影响，一般随温度的升高，味觉加强，阈值减小。

（2）物质的水溶性　溶解度的高低直接影响到呈味物质的味在味觉器官的感应程度。呈味物质必须有一定的水溶性才能被味觉器官的味蕾感应，才可能有一定的味感。完全不溶于水的物质是无味的，溶解度小于阈值的物质也是无味的。水溶性越高，味觉产生得越快，消失得也越快，一般呈现酸味、甜味、咸味的物质有较大的水溶性，而呈现苦味的物质的水溶性一般。

（3）浓度　呈味物质的浓度对人们味觉感度的影响更加直接。浓度越大，味感越强；浓度越小，味感越弱。只有在最适浓度时，才能获得满意的效果。如食盐，在汤菜中浓度一般为 8~12g/L；在烧焖菜肴中，浓度一般为 15~20g/L；佐酒菜浓度稍小，下饭菜浓度稍大。

3. 其他因素

（1）以往的经历　味觉在人的记忆中很强。人们在幼年时吃到的家乡风味，常常到老年后还记忆犹新，因此再重新见到该菜的时候，便会感到很亲切，但是吃到口里，又觉得不是那种味。这主要是由于老年人味蕾大大减少，辨味能力衰退之故。

（2）有无不良嗜好　味觉的感受性与饮酒有关，喝了白酒后嘴辣舌麻，味觉变差，吸烟的人味觉衰退，在宴席中途吸烟，影响味觉的感受性。

（3）季节的不同　季节的不同也会造成人们味觉感度的差异，因而改变其口味要求。一般说来，在夏季人们都喜欢口味清淡的菜肴，在严冬则喜欢口味浓重的菜肴。我国地域辽阔，不同地区在同一季节气温差别也比较大，因此，在味觉上有一定的差异。

（4）饮食的价格、饮食的期望值与实现值、环境等引起的感觉也可以影响到味觉。

第六节　品评与心理

白酒感官指标的检验是通过人的眼、鼻、嘴等感觉器官来完成。这些器官的灵敏度及工作状态，除受到环境、时间、工作程序及工作量等众多因素的影响外，还有一个很重要的影响因素，就是心理活动的影响。这一点已被国内外的专家学者所认识。本书就有关品评与心理的关系做初步的探讨，供品评员进行心理训练时参考。

一、 有关心理的基本概念

1. 脑是心理的器官

人脑是以特殊方式组织起来的物质，它位于颅腔内，分大脑、间脑、脑干和小脑四部分，各有机能。大脑由左右两半球组成，其间由神经纤维构成的胼胝体相连。大脑半球的表层平均厚 2. 5mm，是神经细胞集中的地方，呈灰色，故称灰质，一般又称大脑皮质或大脑皮层。在脑皮层的神经细胞有 140 亿个。它们大小不同，形状各异，机能也不完全一样。大脑皮层是中枢神经系统的最高部位，调节全身各个器官的活动，执行着极其复杂的机能，所以称为高级神经中枢。高级神经中枢是人类行为的最高调节器，在人的一切活动中起主导作用，人的心理活动就是在这里进行的。

2. 反射是脑的机能

心理学研究认为，脑的活动方式是反射。反射是有机体通过神经系统对体外刺激物所做的有规律反应。人的各种行为从简单的个别动作，到复杂的行为活动，都是脑的反射活动。反射分为两种，一种是无条件反射，如吃东西时分泌唾液，这种反射是先天遗传得来的。另一种是条件反射，是人类通过后天学习与训练，从积累的知识和经验中得来的。如吃过梅子的人，见到梅子口中就会分泌唾液，“望梅止渴”“谈虎色变”都是条件反射极其生动形象的例证。

3. 人的心理是客观现实的反映

从人的心理源泉和内容看，它是客观现实的反映。所谓客观现实，是指独立于人的心理之外的，不依赖人的心理而存在的一切事物，它包括自然界和人类社会。人的心理以现实为源泉，同时又是主观与客观的统一。反映在人的头脑里的客观现实，不是事物的本身，只是事物的映像，这种映像的内容是客观的，但表现形式是主观的，它受每个人的年龄、经验、学识、性格等因素的影响。这段话的意思是说，我们对每个香味物质做出的判断，不一定都是该物质的本来面目，它带进了我们每个人的主观色彩。所以尽量克服主观偏见，使主客观趋向一致是每个品评家追求的目标。

二、 品评心理的动态过程

品评心理的动态过程是复杂多变的。动态过程可分为初感（始动）、剧动、余动三个阶段。在动态过程中，酒是主刺激源，环境是次刺激源。品评者心理基础与酒、环境，既有“异”“同”的质上的区别，又有“强”“弱”量上的差异，整个过程是一个多端的过程。

1. 初感阶段

品酒心理的始动阶段，指品酒者与酒接触后产生第一印象的过程，当品评者按照“闻香→尝味→品格”这一品酒程序评判酒质时，品评者的心理开始异常活跃起来。在这以前，品评者心理因素中积淀已久的品评知识、经验和技巧，已为启动心理创造了良好的条件。

如果是初评者，则很少有或者没有这些理性成分，只有初步的诸如辣、涩、苦等直觉感受意识。品酒心理的始动，从某种意义上说，是品评者第一次完成观色、闻香、尝味之后获得的初步印象。从品酒过程来看，观色是品酒的第一步，是运用视觉观察酒的色泽、清亮程度、沉淀及悬浮物情况。通过视觉还可观察酒的挂杯状况。有经验的品评者在评判酒精度高低时，常把酒杯微微倾斜至酒液即将溢出又非溢出的角度。旋转一周后，再将杯直立。观察酒痕柱流下的快慢、粗细状况，以此来粗略判断酒质优劣及陈酿贮存时间的长短。还有的品评者通过酒花大小、消失速度快慢来辨别酒精度高低。但从真正意义上讲，这种视觉观察还不算是对酒体的感知与把握，因为酒是供饮用的，不是让人看的，当品评者第一次完成了对酒的嗅觉、味觉感受之后才算初步对该酒有了认识。嗅觉留给品评者的初感印象可概括为：有无香气、属何种香型、放香大小、有无邪杂气味等。味觉感受第一印象有：香味是否适中、协调，是否有刺激感，酒体是否柔和、绵软，有无邪杂味，有无愉快感觉等。品评者经过对酒样观其色、闻其香、尝其味之后，再经由初步想象、回忆、比照、分析、综合等思维过程，就初步确立了对该酒的第一印象。第一印象的获得，对品评者来说是十分重要的，许多品酒结论都是根据第一印象评判的。初感具有新鲜感，印象特别清晰，往往给品评者先入为主的良好印象。初感阶段，心理运动平稳、缓和，各种因素之间的矛盾不是十分尖锐、复杂。值得注意的是，初感阶段获得的第一印象通常是可靠的，但有时也有偏差。这就有待认识的深化，思维的升华，心理向更高更复杂的形态运动。

2. 剧动阶段

品评者通过对酒样的初步接触，获得了对酒样的第一印象。随着品评者反复品评，品评者的心理进入了更高的一个境界，由初感进入剧动阶段。此时，品酒心理由初始的平缓运动转入剧烈的运动状态。品评者从酒中获得了更多的感觉信息，这些信息支配着品评者对酒体的认识，控制着品评者的心理。香气或浓或淡，品味或厚或薄、或柔或糙、或爽或腻，都要由品评者定夺。同时还要对酒样完成“入格”，定型、质量优劣、档次高低等的评判。品评者常处于沉醉、痴迷状态。品评者或闻或尝、或思或忆、有时甚至会出现“停品”的做法，放下杯子，稍做歇息，然后再品。一般来说，初品时，心理的剧动，往往是感性强，直觉感受占优势，而以后的再品则理性因素加强。重品时，理性高于直觉，心理运动则不是表层的热烈，而是内层的潜动，场效应进一步较初感时深化。

有的酒样，初品无印象，但细细品来却是香蕴无穷。因此，我们既要注重初感的印象，又不可忽视深入细品的意义。

3. 余动阶段

品评者品完某种酒后，品评心理并非立即消失。酒中的各种味觉在品评者口中停留一段时间，质量上乘的名优白酒都有回味无穷的特点。品酒心理的余动有两种情景：一种为原来品酒时形成的心理余波仍未平息，给人以回味悠长的感觉；另一种情况即为，酒作为储存信息留于品酒者大脑中，于适当的机遇触发后，使心理中复现该酒的感官特征。这种余动和刚品完后的“不忘”、回味又不尽相同。时过境迁，品评者思想、知识水平与过去品评进行相比已发生了变化，会对同一种酒产生新的认识。

三、 品评与心理的关系

通过上面的叙述，大家不难看出品评与心理有着密切的关系。多年的品评实践也证明，品评效果与品评者的心理状态关系很大。因此，从多个方面来分析研究品评与心理的关系，就显得很有必要。

（一） 环境与心理

环境条件会对心理活动产生重要的影响，其中突出的有以下几点。

1. 光照

波长 400~760nm 的电磁波是可见光，这段光谱综合作用了机体的高级神经系统，能提高视觉的动能和代谢的功能，有平衡兴奋与镇静的作用，能提高情绪和工作效率。

2. 阴离子

空气中的气体分子，一般呈中性，受到外界理化分子的强烈作用，会形成阳离子或阴离子。阴离子在一定浓度下，能使机体镇静，降低血压，增进食欲，增强注意力及提高工作效率；相反，阳离子有许多不良作用。

3. 噪声

噪声在 30~40dB 是比较安静正常的环境。超过 50dB 对睡眠和休息有影响；超过 70dB 会干扰谈话，导致精神不集中，心烦意乱，影响工作。

4. 温度和湿度

温度直接影响到香味物质被人感知的程度。如舌温在 60℃以上和 0℃以下不再有味觉。又如，5℃时果糖甜于蔗糖，在 60℃时蔗糖甜于果糖。空气湿度一般与气压有关，而气压影响到机体味组织的疏松和压缩。所以低气压下味感灵敏，高气压下味感迟钝。另外温度适宜，湿度相当，会使人感到温馨、安详、心情放松，使各种器官处于最灵敏的状态。

（二） 香味与心理

在研究香味由大脑做出判断的机理方面得出结论：视觉和听觉的信号是由代表理性和智力的高级神经承担，由大脑的“新皮质”来执行，而嗅觉的信号是由反映本能和感情的“老皮质”来执行。这表示，视觉是性欲、食欲等本能信息源。从这两个不同的来源来看，香味物质与心理的关系更复杂和微妙。

1. 香味可引起人的感情变化

研究测试表明，人接触某种香味时，可使脑波发生变化，主要是右脑，也称为感情脑引起变化，进而产生感情的变化。如闻到烫酒和炒菜的混合香气，会使你高兴急于进食；闻到成熟的威士忌香味，使人有松弛的感觉。有人主张晚上慢慢饮酒，或在火车上慢慢喝酒不易醉；有人体验到高兴时多喝几杯酒也不醉，这些都证明了香味与人的感情关系很大。

2. 不同香味对人体有不同的作用

香味对脑细胞有作用，脑细胞还受到自律神经的影响。所以有人实验，当闻到茉莉花的香味时，支配身体活动的交感神经呈活动状态，使人兴奋；闻到春黄菊时，交感神经呈迟缓状态，使人郁闷。有人说动物性香味一般有兴奋作用，森林香味一般有镇静作用，这可能是人类喜欢吃肉、喜爱郊游的原因。

3. 香味与记忆关系密切

首先，香味可引起记忆。提到柠檬，见过、吃过的人就会想起它的球形、橘黄色、酸味等特征，像这样不需要其他线索，直接可在脑中呈现出事物对象，称为记忆的再生。其次，香味记忆不易消失。有人做过两个试验，第一次只出示物品的颜色让人记忆，第二次只出示物品的香味让人记忆。两者比较，视觉记忆准确率为 99.7%，而嗅觉记忆的准确率为 70%以下。但过了一年，再进行类似实验，视觉准确率急速下降而嗅觉准确率只下降了 3.5%。从这个结果来看，香味的再认是比较容易的。再次，香味记忆方法包括：其一，多接触。人的记忆库就像一个装满了书的书架，而且进行了分类摆放，常用的放在外头，不常用的放在里面，靠记忆强度来决定提取每种书的速度。这个例子说明香味记忆的强弱与接触香味的次数、时间有关，要想记住某种香味，就得多接触。其二，是相似参照。香味除反复接触记忆外，也可先限定该味与过去记忆中的某种香味相似来帮助和加深记忆。如要记住董酒的香味，可以拿榨菜的某些香味做比较，这样记得就非常牢靠。其三，香味记忆的鲜明性如偏爱性。接触记忆香味时，时常引起愉快、不愉快的感情变化，就是说记忆香味时往往带有一定感情色彩。这种感情色彩称为鲜明记忆。如茅台优雅的空杯香气，大多数人都喜欢，很容易记住；江淮一带纯浓香型酒甜蜜的香气也给人以快感，尝过一次不会忘记。这些记忆都带有感情色彩。对某种香味的感情色彩过浓也会产生偏爱心理。由于受地域、饮食习惯等因素的影响，不同地区的人对不同香型白酒的喜爱程度是不一样的。四川人喜欢麻辣口味，所以对香味大、刺激性强的浓香型酒偏爱；东北气候寒冷，大多数人偏爱酒精度偏高的清香型白酒。

（三）　工作程序与心理

白酒品评工作程序的安排应以保持品评者感官灵敏、心情舒畅、轻松为原则，做到科学有序，其中有几条规定应严格遵守。

（1）每天品评轮次最多不应多于 6 轮。

（2）每轮间歇时间最少不低于 30min。

（3）每轮最多不超过 5 个酒样。

有人曾做过统计，同一个酒样，在 5 杯轮次中评，得 91.8 分；又在 6 杯轮次中评，只得 91.3 分，相差 0.5 分。这就是 6 杯排序给打分造成的误差。

（4）连续品评同一香型3轮之后，应穿插1~2轮其他香型酒，避免长时间品评同一香型酒造成的灵敏度下降。

（四）干扰与心理

大脑对香味判断时极易受到外界信号的干扰。品评中常遇到的干扰有：

（1）题目的干扰　每轮的题目一定要清晰、明确，否则就会产生干扰。如同一香型轮次中加入一杯另一香型，如不说明，这杯酒将因品评者心理干扰而降低得分。

（2）提示的干扰　有时题目写得不清，品评者提出疑问，主持人进行提示也会产生干扰。如某一轮评酒中，主持人提示有名酒，结果这一轮平均得分高出1.2分。

（3）邻近人员自言自语的干扰　个别品酒员遇到酒特别好时或特别坏时，情不自禁对该酒发出评论。这种评论对周围的人干扰很大，往往会影响到所有能听到者的打分。

（4）交卷后室外议论的干扰　有时交卷后的人员离品评室很近，议论声又大，这对未交卷的人影响最大。一般后改的卷子大多数来自这段时间的这种干扰。

（五）压力与心理

品评的整个过程中，品评者的心情始终应保持轻松、愉快的状态。但由于某些原因，部分品评者会产生很大压力，这种压力会大大改变品评者的心理状态，使品评结果产生极大的误差。

（六）心理状态与品评训练

人的知觉能力是生来就有的，但人的判断能力是靠后天训练而提高的。由于经常接触各种香味物质，刺激了脑中“新皮质”的感知，使其工作处于最佳状态，久而久之，也促进了人类认识香味的提高。训练的主要内容应是以下两大方面：第一，加深各类酒的认识，尤其是新出现的香型及类别酒的认识。另一方面，要靠参加全国性的品酒活动，及时将各类新产品提供给评委品评。第二，加强心理素质方面的训练。注意克服偏爱心理、猜测心理、不公正心理及老习惯心理，注意培养轻松、和谐坚定的心理状态。

第三章 白酒的工艺和风味

白酒为中国特有的一种蒸馏酒，是世界六大蒸馏酒（白兰地、威士忌、伏特加、金酒、朗姆酒、中国白酒）之一，以粮谷为主要原料，以大曲、小曲或麸曲及酒母等为糖化发酵剂，经蒸煮、糖化、发酵、蒸馏而制成。自1963年由轻工业部组织全国部分省市的技术人员对茅台酒、汾酒、泸州老窖酒的生产工艺进行查定以来，随着科技的进步，人们从分析、微生物及酿酒工艺等方面，对白酒产品质量的研究日益深化，发展不同的生产工艺，其产品风味截然不同。白酒的香型与其化学组分密切相关，这些化学组分都是发酵工艺的产物。因此，工艺不同，酒的化学组分不同，香型不同。反之，香型不同，工艺也不同，其化学组分也不同。影响白酒的香型和化学组分的主要因素有：原料、制曲（糖化发酵剂）工艺、发酵工艺、操作、窖池结构、生产环境等。此外，还与贮存时间、贮存容器有关。

第一节 白酒的种类

白酒是以淀粉质原料或糖质原料，加入糖化发酵剂，经固态、半固态或液态发酵、蒸馏、贮存、勾调而成的蒸馏酒。我国白酒种类繁多，地方性强，产品各具特色，工艺各有特点，目前尚无统一的分类方法，现就常见的分类简述如下。

一、 按照原料分类

白酒使用的原料主要为高粱、小麦、大米、玉米等，所以白酒又常按照酿酒所使用的原料来冠名，其中以高粱为原料的白酒是较多的。

二、 按照酒曲分类

1. 大曲酒

大曲酒是以大曲作糖化发酵剂生产出来的酒，主要的原料有大麦、小麦和一定数量的豌豆，大曲又分为中温曲、高温曲和超高温曲。一般是固态发酵，大曲酒所酿的酒质量较好，多数名优酒均用大曲酿成。

2. 小曲酒

小曲酒是以小曲作糖化发酵剂生产出来的酒，主要的原料有稻米，多采用半固态发酵，南方的白酒多是小曲酒。

3. 麸曲酒

麸曲是以麦麸作培养基接种的纯种曲霉作糖化剂，用纯种酵母为发酵剂生产出来的酒，因发酵时间短、生产成本低为多数酒厂所采用。

三、 按照发酵方法分类

1. 固态法白酒

固态法白酒是指在配料、蒸粮、糖化、发酵、蒸酒等生产过程中都采用固体状态流转而酿制的白酒，发酵容器主要采用地缸、窖池、木桶等设备，多采用甑桶蒸馏。

2. 半固态法白酒

半固态法白酒是指采用半固态发酵、蒸馏的白酒。我国的米香型白酒和豉香型白酒等都属于半固态法白酒。

3. 液态法白酒

液态法白酒是采用酒精生产方式，即液态配料、液态糖化、液态发酵和蒸馏的白酒。液态法白酒又分固液勾兑白酒、串香白酒和调香白酒。

四、 按照香型分类

中国白酒在最开始是没有香型之分的，后来随着全国各地白酒的特色以及风格差异，为了区分它们之间的口感以及风味，在 1979 年的第三届全国评酒会上提出用香型来区分各个地方特色白酒的差异，于是便有了香型一说。到目前为止，已形成了浓香型、酱香型、清香型和米香型等十二种香型白酒。

十二种香型白酒关系图见图 3-1。

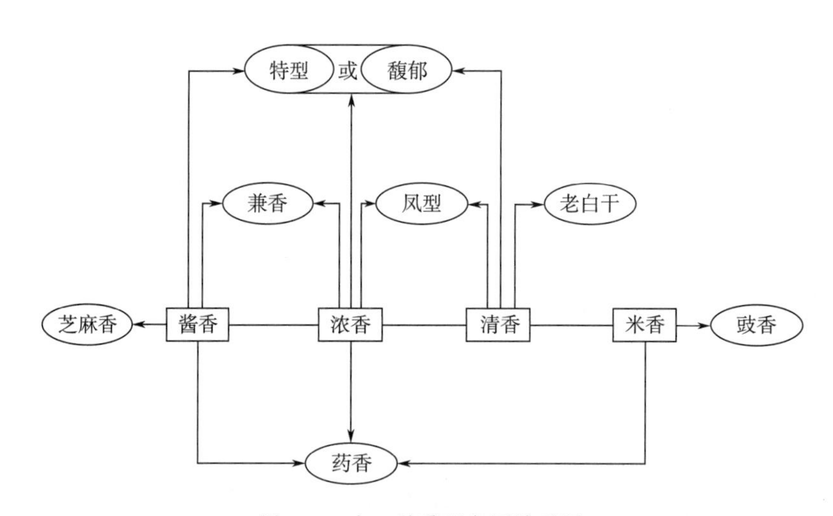

图 3-1　十二种香型白酒关系图

从图 3-1 可以看出：

（1）酱、浓、清、米香型是基本香型，它们独立地存在于各种白酒香型之中。

（2）其他八种香型是在这四种基本香型的基础上，以一种、两种或两种以上的香型，在工艺的糅和下，形成了自身的独特工艺而衍生出来的香型。

也有人将中国白酒划分为十大香型和两小香型，十大香型：酱香型、清香型、浓香型、米香型、凤香型、董香型、豉香型、芝香型、特香型、兼香型；两小香型：老白干香型、馥郁香型。

但是总体来说，酱香、清香、米香以及浓香型白酒占据了中国白酒 90%的市场份额，仅浓香型白酒占了大约 70%，因此我们平时主要接触的白酒也是这几种类型。

第二节　白酒的生产方法

一、 固态发酵法白酒生产

1. 固态发酵法白酒生产的特点

饮料酒如啤酒和葡萄酒等酿造酒，一般都是采用液态发酵，另外白兰地、威士忌等蒸馏酒也是采用液态发酵后，再经蒸馏制成。而我国白酒采用固态酒醅发酵和固态蒸馏的传统操作，是世界上独特的酿酒工艺。

固态发酵法白酒生产的特点之一，是采用比较低的温度，让糖化作用和发酵作用同时进行，即采用边糖化边发酵的工艺；第二个特点是发酵过程中水分基本上是包含于酿酒原料的颗粒中；第三个特点是采用传统的固态发酵和固态蒸馏工艺，以产生具有典型风格的白酒；第四个特点是在整个生产过程中都是敞口操作，除原料蒸煮过程能起到灭菌作用外，空气、水、工具和场地等各种渠道都能把大量的、多种多样的微生物带入酒醅中，它们与曲中的有益微生物协同作用，产生出丰富的香味物质，因此固态发酵是多菌种的混合发酵。

2. 固态发酵法白酒生产的类型

固态发酵法生产白酒，主要根据生产用曲的不同及原料、操作法、产品风味的不同，一般可分为大曲酒、麸曲白酒和小曲酒三种类型。

大曲一般采用小麦、大麦和豌豆等原料，压制成砖块状的曲坯后，让自然界各种微生物在上面生长而制成。在白酒酿造上，大曲用量甚大，它既是糖化发酵剂，也是酿酒原料之一。目前，国内普遍采用两种工艺：一是清蒸清烧二次清，清香型白酒如汾酒即采用此法；二是续楂发酵，即典型的是老五甑工艺。浓香型白酒如泸州大曲酒等，都采用续楂发酵生产。麸曲白酒以麸曲为糖化剂，另以纯种酵母培养制成酒母作发酵剂。麸曲白酒产品的酒精度一般为 50%~65%vol，有一定的特殊芳香，受到广大群众的欢迎。酿酒用原料各地都有不同，一般以高粱、玉米、甘薯干、高粱糠为主。所采用工艺也不同，南方用清蒸配糟法，北方主要用混蒸混烧法。近年来，固态法麸曲白酒生产的机械化发展很快，已初步实现了白酒生产机械化和半机械化。

小曲酒可分为固态发酵和半固态发酵两种。四川、云南、贵州等大部分采用固态发酵，在箱内糖化后配醅发酵，蒸馏方式和大曲酒一样，也采用甑桶。用粮谷原料的出酒率较高，但对含有单宁的野生植物的适应性较差。广东、广西、福建等采用半固态发酵，即固态培菌糖化后再进行液态发酵和蒸馏。所用原料以大米为主，制成的酒具有独特的米香，桂林三花酒是这一类型的代表。此外，还有大小曲混用的生产方式，但不普遍。

3. 大曲酒生产工艺

白酒酿造分为清楂和续楂两种方法。续楂法是将楂子（指粉碎后的生原料）蒸料后，加曲（大曲或麸曲和酒母），入窖（发酵池）发酵，取出酒醅（又称母糟，指已发酵的固态醅）蒸酒，在蒸完酒的酒醅中，加入清蒸后的楂子（这种单独蒸料操作称为清蒸）；亦有采用将楂子和酒醅混合后，在甑桶内同时进行蒸酒和蒸料（这种操作称混烧），然后加曲继续发酵，如此反复进行。由于生产过程一直在加入新料及曲，继续发酵、蒸酒，故称续楂发酵法。续楂法适用于生产泸型酒和茅型酒。续楂操作法是大曲酒和麸曲白酒生产上应用最广泛的酿酒方法。

采用清楂法工艺生产大曲酒的数量较少，其中汾酒较为典型，汾酒采用传统的“清蒸二次清”，地缸、固态、分离发酵法，所用高粱和辅料都经过清蒸处理，将经蒸煮后的高粱拌曲放入陶瓷缸，并埋入土中，发酵 28d，取出蒸馏。蒸馏后的酒醅不再配入新料，只加曲进行第二次发酵，仍发酵 28d，糟不打回而直接丢糟。两次蒸馏得酒，经勾调成汾酒。由此可见，原料和酒醅都是单独蒸，酒醅不再加入新料，与前述续楂法工艺显著不同，汾酒操作在名酒生产上独具一格。

4. 麸曲白酒生产工艺

麸曲白酒是以高粱、薯干、玉米及高粱糠等含淀粉的物质为原料，采用纯种麸曲酒母代替大曲（砖曲）作糖化发酵剂所生产的蒸馏酒。目前，这类白酒正在向液态法生产的方向发展，随着液态法白酒质量的不断提高，液态发酵法有可能成为这类白酒的主要生产方法。

二、 半固态发酵法白酒生产

1. 半固态发酵法白酒生产的特点

半固态发酵法生产白酒，是我国劳动人民创造的一种独特的发酵工艺，具有悠久的历史，主要盛行于南方各省，特别是福建、广西、广东等地区，素为劳动人民所喜爱，东南亚一带的华侨与港澳同胞均习惯饮用。此外，还习惯用米酒作“中药引子”或浸泡药材，以提高药效。因此，米酒出口数量也较大。

半固态发酵法白酒的生产方法是以大米为原料，小曲作为糖化发酵剂，采用半固态发酵法并经蒸馏而制得，故又称为小曲酒。新中国成立后，小曲酒生产有较大的发展，生产技术水平、酒的质量以及出酒率都不断提高。在 1963 年轻工业部召开的全国评酒会议上，广西桂林三花酒和全州县酒厂的湘山酒两种小曲酒被评为优质酒。近年来各地小曲酒厂均较重视生产技术的改进，小曲酒质量普遍提高。

半固态发酵小曲酒与固态发酵大曲酒相比，无论在生产方法上，还是成品酒风味上，都有所不同。它的特点是饭粒培菌、半固态发酵、用曲量少、发酵周期较短、酒质醇和、出酒率高。

我国西南地区如四川、云南、贵州等地的小曲酒，尽管采用粮谷原料，曲子仍采用小曲，主要借根霉作糖化剂，出酒率较高。但其发酵工艺是采用在箱内固态培菌糖化后，配醅进行固态发酵，蒸馏方法也与固态大曲酒的蒸馏操作相同。

2. 半固态发酵法白酒生产工艺

概括来说，半固态发酵白酒生产可分为先培菌糖化后发酵和边糖化边发酵两种典型的传统工艺。

先培菌糖化后发酵的半固态发酵法，是小曲酒生产典型的传统工艺。例如广西桂林三花酒，它的特点是采用药小曲半固态发酵法。前期是固态，主要进行扩大培菌与糖化过程，20~24h。后期为半液态发酵，发酵周期约为7d，再经蒸馏而制成。

边糖化边发酵的半固态发酵法，是我国南方各省酿制米酒和豉味玉冰烧酒的传统工艺。豉味玉冰烧酒是广东地方的特产，历史悠久，很受广大群众、华侨以及港澳同胞的欢迎，生产量和出口量均相当大。

白酒生产长期以来都是手工操作，设备原始落后，劳动强度大，生产效率低，不能适应日益发展的形势要求，为了改变这种面貌，许多白酒生产厂家采用机械化工艺生产白酒，这成为白酒工业方向性的一项技术革新。几年来，实践证明，白酒机械化生产能提高生产效率，降低劳动强度，改善劳动条件。目前，国内一些工厂的小曲酒技术创新和机械化生产改革措施已经取得一定的成效。

三、液态法白酒生产

液态发酵法是采用酒精生产方法的液态法白酒生产工艺。它具有机械化程度高、劳动生产率高、淀粉出酒率高、原料适应性强、改善劳动环境、辅料用量少等优点。在20世纪50年代就做过酒精加香精香料人工调制白酒的尝试。由于当时技术条件有限，产品缺乏白酒应有的风味质量而未获得成功。直到20世纪60年代中期，在总结我国某些名优白酒的生产经验之后，将酒精生产的优点和白酒传统发酵的特点有机地结合起来，才使得液态发酵法白酒的风味质量与固态法发酵白酒逐渐接近。目前液态发酵法生产的白酒质量不断改进和提高，产量不断增大。

第三节　白酒的风味

白酒属食品中的一类，在它的组成当中，水和乙醇占白酒总质量的98%~99%，其余的1%~2%就是“微量成分”所占的比例范围。“微量成分”包括有机和无机化合物，由有机酸、酯、高级醇、醛、酮、酚、含硫化合物、含氮化合物、矿物质和其他化合物组成。不同品牌的白酒，“微量成分”的构成种类和数量不同。

这些成分在视觉、嗅觉、味觉和触觉上均能引起感官刺激，使人们对白酒这种特殊食品产生各种各样的感官印象，这就是白酒的风味或感官特征。引起这些感官或风味变化的物质，就是白酒中的香味成分。大家知道，白酒中的香味成分毫无例外都是由化学物质组成的，经典和现代有机化学最杰出的成就之一，就是推断出了以令人愉快的方式刺激我们嗅觉和味觉的天然和合成的形形色色化合物的结构。

一、白酒风味的感官特征

白酒中的各种风味成分，既有各自的香味特征，又存在着相互复合、平衡、协调和缓冲的作用。许多不同含量、不同品种的单体香味成分，可以组成舒适、谐调、幽雅、丰满的酒体，说明它们之间的香和味的关系方面是非常复杂和微妙的。每一种单体香味成分，由于各自的阈值和含量不同，所呈现的香味又有很大的差别。

为了便于研究白酒风味成分与酒质的关系，现将白酒中常见的酯类、醇类、酸类和羰基化合物等单体香味成分的感官特征（也称呈香呈味特征）列于表 3-1 所示。

表 3-1　白酒香味成分的感官特征

类别	名称	分子式	沸点/℃	阈值/(mg/L)	感官特征
酯类	甲酸乙酯	CH_3CH_2OOCH	54.3	150	较稀薄的水果香
	乙酸乙酯	$CH_3COOC_2H_5$	77	17	苹果气味，清香感
	乙酸异戊酯	$CH_3COO(CH_2)_2CH(CH_3)_2$	142	0.23	似梨香和苹果香
	丙酸乙酯	$CH_3CH_2COOC_2H_5$	99	4.0	菠萝香，似芝麻香
	丁酸乙酯	$CH_3(CH_2)COOC_2H_5$	120	0.15	似菠萝香
	己酸乙酯	$CH_3(CH_2)COOC_2H_5$	167	0.076	似红玉苹果香
	庚酸乙酯	$CH_3(CH_2)_5COOC_2H_5$	187	0.4	似苹果香
	辛酸乙酯	$CH_3(CH_2)_6COOC_2H_5$	206	0.24	似梨或菠萝香
	癸酸乙酯	$CH_3(CH_2)_8COOC_2H_5$	244	1.1	似玫瑰香
	月桂酸乙酯	$CH_3(CH_2)_{10}COOC_2H_5$	269	0.10	微弱果香
	棕榈酸乙酯	$CH_3(CH_2)_{14}COOC_2H_5$	191	14	无香味，微有油味
	油酸乙酯	$CH(CH_2)_7COOC_2H_5$	205	1.0	脂肪气味，油味
	乳酸乙酯	$CH_3CHOHCOOC_2H_5$	154	14	香弱，味微甜
醇类	甲醇	CH_3OH	64.5	100	温和的酒精气味
	正丙醇	$CH_3(CH_2)_2OH$	97.4	720	似醚臭，有苦味
	正丁醇	$CH_3(CH_2)_3OH$	117.4	5.0	稍有茉莉香
	仲丁醇	$CH_3CH_2CHOHCH_3$	99.5	10.0	较强的芳香味
	异丁醇	$(CH_3)_2CHCH_2OH$	107	7.5	微弱戊醇味
	正戊醇	$CH_3(CH_2)_4OH$	137	—	似酒精气味
	异戊醇	$(CH_3)_2CH(CH_2)_2OH$	132	6.5	杂醇油气味
	正己醇	$CH_3(CH_2)_5OH$	155	5.2	芳香气味
	庚醇	$CH_3(CH_2)_6OH$	175	2.0	果实香气，微甜
	辛醇	$CH_3(CH_2)_7OH$	195	1.5	果实香气，脂肪味
	壬醇	$CH_3(CH_2)_8OH$	215	1.0	果实气味，油味
	癸醇	$CH_2(CH_2)_9OH$	230	1.0	脂肪气味
	2,3-丁二醇	$CH_3(CHOH)_2CH_3$	179	4500.0	有甜味，黏稠
	丙三醇	$(CH_2OH)_2CHOH$	290	1.0	味甜无气味
酸类	甲酸	$HCOOH$	100.8	1.0	闻有酸味
	乙酸	CH_3COOH	118	2.6	醋酸气味

续表

类别	名称	分子式	沸点/℃	阈值/(mg/L)	感官特征
酸类	丙酸	CH_3CH_2COOH	140.7	20.0	闻有酸味
	丁酸	$CH_3(CH_2)_2COOH$	163.5	3.4	轻度黄油臭
	异丁酸	$(CH_3)_2CHCOOH$	154.7	8.2	闻有脂肪臭
	戊酸	$CH_3(CH_2)_3COOH$	187	0.5	脂肪臭,微酸
	异戊酸	$(CH_3)_2CH_2CHCOOH$	176.5	0.75	似戊酸气味
	己酸	$CH_3(CH_2)_4COOH$	205	8.6	较强脂肪臭
	庚酸	$CH_3(CH_2)_5COOH$	223	70.5	强脂肪臭
	辛酸	$CH_3(CH_2)_6COOH$	237.5	15	脂肪臭,有刺激感
	壬酸	$CH_3(CH_2)_7COOH$	255.6	71.1	轻快脂肪气味
	癸酸	$CH_3(CH_2)_8COOH$	269	9.4	愉快脂肪气味
	油酸	$CH(CH_2)_7COOH$	286	1.0	较弱脂肪气味
	月桂酸	$CH_3(CH_2)_{10}COOH$	225	0.01	愉快的脂肪气味
	乳酸	$CH_3CHOHCOOH$	122	350.0	微酸,味涩
羰基化合物	乙醛	CH_3CHO	21	1.2	绿叶及青草气味
	丙醛	CH_3CH_2CHO	48.8	2.5	刺激性青草气味
	丁醛	$CH_3(CH_2)_2CHO$	76	0.028	绿叶气味,弱果香
	异丁醛	$(CH_3)_2CHCHO$	63	1.0	带刺激性坚果气
	戊醛	$CH_3(CH_2)_3CHO$	103	0.1	刺激性青草气味
	异戊醛	$(CH_3)_2CHCH_2CHO$	92	0.1	带苹果香酱油味
	己醛	$CH_3(CH_2)_4CHO$	128	0.3	果香气味,味苦
	庚醛	$CH_3(CH_2)_5CHO$	156	0.05	果香气味,味苦
	丙烯醛	CH_2CHCHO	52	0.3	刺激性气味强
	乙缩醛	$CH_2CH(OC_2H_5)_2$	102.7	50.0	青草气味带果香
	丙酮	CH_3COCH_3	56.2	200	溶剂气味弱果香
	丁酮	$CH_3CH_2COCH_3$	79.6	80	带果香,微甜刺激
	双乙酰	$CH_3COCOCH_3$	88	0.02	馊酸臭
	醋酚	$CH_3COCHOHCH_3$	148	17	甜样的焦糖气味

二、 白酒风味的作用

构成食品风味的物质基础是它的组分特征，白酒的风味形成也离不开它的香味组分。据目前掌握的分析结果，白酒中除水和乙醇以外，还含有上百种有机和无机成分，这些香味组分各自都具有自身的感官特征，由于它们共同混合在一个体系中，彼此相互影响，这些组分在酒体中的数量、比例的不同，使得组分在体系中相互作用、影响的程度发生差异，综合表现出的感官特征也会不一样，这样就形成了白酒的风味各异，也就是白酒的感官风格特征各异。研究白酒的风味特征，实际上就是研究这些香味组分的感官特征，研究它们的组成特点以及它们之间的相互作用关系。

我们知道，就其单一香味组分来说，虽然它具有自身固有的感官特征，但在一个体系中，能否表现出它原有的感官特征，还要看它在体系中的浓度、它自身的阈值大小，以及体系中其他组分或条件对它的影响。在白酒这个体系中，香味组分也是这样。我们研究组分在体系中所起的感官作用，既要考虑它自身的特性，又要综合考虑体系的多变因素的影响，这样才能从本质上认识风味的形成，并控制风味品质。下面结合白酒中主要组分特点，介绍这些组分的感官特征及在白酒中的呈香显味作用。

1. 酸类化合物

酸类化合物在白酒成分中除水和乙醇外，它们占总成分含量的14%~16%。白酒中的酸类都是有机酸，是形成白酒风味的主要香味成分，也是生成酯类的前体物质。酒中有什么酸，则也相应地含有该酸的酯，酸含量的高低在一定程度上说明酒质的高低。酸含量低，酒味短淡，酒发苦，邪杂味露头，酒不净，单调，不协调，缺乏白酒的固有风味；但酸含量过大，酒味粗糙，放香差，闻香不正，酸味也大。适宜的酸含量可使酒香味谐调，对酒起到缓冲作用，还可起到消除饮酒过量易上头的功效。

由于白酒质量和风格的不同，除酸的含量不同外，酸的种类差异也较大，如清香型白酒中主要是乙酸和乳酸。浓香型白酒中酸类主要是乙酸、乳酸、已酸和丁酸。一般而言，这几种酸约占白酒总酸量的90%以上，另外还有一定数量的丙酸、戊酸、异戊酸和异丁酸等。

需要指出的是，白酒中还含有一定量的高级脂肪酸及其乙酯，即棕榈酸、油酸和亚油酸及其乙酯，它们是构成白酒后味的重要物质。生产低度白酒的除浊工艺，主要是除去较多的上述三大高级脂肪酸及其乙酯，以达到酒液清亮透明的质量指标要求，这也是造成低度白酒后味较短的原因之一。

酸的功能强大，作用力强，影响面广，酸类主要具有以下功能。

（1）消除酒的苦味。

（2）新酒老熟的有效催化剂。

（3）对香气有一定的抑制和掩蔽作用。

（4）增强香气的复合性。

（5）增长酒的后味。

（6）增加酒的味道。

（7）减少或消除酒的杂味。

（8）使酒出现甜味和回味感。

（9）消除燥辣感，增加白酒的醇和程度。

（10）适当减轻中、低度酒的水味。

酸类化合物的呈香作用在白酒香气表现上不是十分明显。就其单一成分而言，它主要呈现出酸刺激气味、脂肪臭和脂肪气味。有机酸与其他成分相比沸点较高，因此，在体系中的气味表现不突出。在特殊情况下，例如酒杯中的酒长时间敞口放置，或倒去酒杯中的酒，放置一段时间闻空杯香，我们能明显地感觉到有机酸的气味特征。这也说明了它的呈香作用在于它的内部稳定作用。

2. 酯类化合物

酯类化合物是白酒中除乙醇和水以外含量最多的一类成分，大约占各成分总含量的60%。白酒中的酯类化合物多以乙酯形式存在，酯类是具有芳香的化合物，在白酒的香气特征中，绝大部分是以突出酯类香气为主的。乳酸乙酯和乙酸乙酯是我国白酒的重要香味成分，在浓香型、酱香型和凤香型等白酒中，还有相当量的己酸乙酯和少量的丁酸乙酯。这4种酯类约占总酯的90%以上，是影响酒质和风格的关键物质，对白酒风格的形成起着关键作用。

就酯类单体组分来讲，根据形成酯的那种酸的碳原子数的多少，酯类呈现出不同强弱的气味。含1~2个碳的酸形成的酯，香气以果香气味为主，易挥发，香气持续时间短；含3~5个碳的酸形成的酯，有脂肪臭气味，带有果香气味；含6~12个碳的酸形成的酯，果香气味浓厚，香气有一定的持久性；含13个碳的酸形成的酯，果香气味很弱，呈现出一定的脂肪气味和油味，它们的沸点高，凝固点低，很难溶于水，气味持久而难消失。

一般规律是白酒中酯类含量越高，其酒质越好。名优白酒中酯含量较高，如茅台酒、五粮液、泸州老窖、汾酒等总酯含量高达300~600mg/100mL，因此白酒酯含量的高低又是决定酒质优劣的最重要的指标之一。白酒香型不同，酯含量和组成也不同，但其含量与量比关系必须适宜，否则会影响白酒的典型风格。

在白酒中，酯类化合物绝对含量较高，且大多属较易挥发和气味较强的化合物，表现出较强的气味特征。一些含量较高的酯类，由于它们的浓度及气味强度占有绝对的主导作用，使整个酒体的香气呈现出以酯类香气为主的气味特征，并表现出某些酯原有的感官气味特征，如浓香型白酒中的己酸乙酯和清香型白酒中的乙酸乙酯。另一些含量中等的酯类，它们可以对酯类的主体气味进行“修饰”和“补充”，使整个酯类香气更丰满、浓厚和全面。而其他含量较少或甚微的一类酯大多是一些长碳链酸形成的酯，虽然它们的气味较弱，气味特征不明显，但是沸点较高，可以使体系的饱和蒸气压降低，延缓其他成分的挥发，起到使香气持久和稳定的作用。

酯类化合物的呈味作用会因为它的呈香作用非常突出和重要而被忽略。实际上，由于酯类化合物在酒体中的绝对浓度与其他成分相比高出许多，而且它们的感觉阈值较低，其呈味作用也是相当重要的。在白酒中，酯类化合物在其特定浓度下一般表现为微甜带涩，并有一定的刺激感。例如己酸乙酯在浓香型白酒中的含量一般为150~250mg/100mL，呈现出甜味和一定的刺激感，若其含量降低，则甜味和刺激感也会随之降低。又如油酸乙酯和月桂酸乙酯，它们在酒体中含量甚微，但其感觉阈值较小，属高沸点酯，当它们在白酒中的含量达到一定范围时，可以改变体系的气味挥发速度，起到持久、稳定香气的作用，并不呈现出它们原有的气味特征。

3. 醇类化合物

醇类化合物在白酒组分中（除乙醇和水外）占12%左右。由于醇类化合物的沸点比其他组分的沸点低，易挥发，这样在挥发过程中“脱带”其他组分的分子一起挥发，起到常说的助香作用。白酒中低碳链的醇含量居多，醇类化合物随着碳链的增加，气味逐渐由麻醉样气味向果实气味和脂肪气味过渡，沸点也逐渐增高，气味也逐渐持久。在白酒中除乙醇外，最主要的是异戊醇、异丁醇和正丙醇等高级醇，适量的高级醇是构成白酒风味的重要香味物质。含量适当，可衬托酯香，使酒质更加完美；含量太少，酒味就会显得淡薄，使酒失去传统风味；含量太多，则会导致酒味辛辣苦涩，饮后还会易醉、上头，给酒带来不良影响。

4. 羰基类化合物

羰基化合物在白酒组分中（除水和乙醇外）占6%~8%，是构成白酒香味的重要成分。羰基化合物，尤其是低碳链的醛、酮化合物，具有较强的刺激性口味。在味觉上，赋予酒体较强的刺激感，也就是人们常说的“酒劲大”的原因。这也说明酒中的羰基化合物的呈味作用主要是赋予刺激性和辣感。

白酒中乙醛含量较多，它是生成缩醛的前体物质，在白酒贮存的过程中，一部分乙醛挥发，另一部分与乙醇缩合，生成乙缩醛。二者含量适当，具有喷香、解闷的作用，赋予白酒清爽柔和感；含量过高则呈醛杂味，显得辛辣。

酮类的香气较醛类更为绵柔细腻。2,3-丁二酮和3-羟基丁酮在100mL白酒中，含有几毫克就具有愉快的香味，并有类似蜂蜜样的甜味。以上两种酮类在名优白酒中含量尤为突出。

羰基化合物的主要功能表现为对白酒香气的平衡和协调作用，而且作用强，影响大，特别是乙醛和乙缩醛，是白酒必不可少的重要组成成分，其含量的多少以及它们之间的比例关系，直接对白酒香气的风格水平和质量水平产生重大影响。

低碳链的羰基化合物沸点极低，极易挥发。它比相同碳数的醇和酚类化合物的沸点还低，这是因为羰基化合物不能在分子间形成氢键的缘故。白酒中含量较高的羰基化合物主要是一些低碳链的醛、酮类化合物，在白酒的香气中，由于这些低碳链的醛、酮类化合物与其他成分相比，绝对含量不占优势，同时自身的感官气味表现出较弱的芳香气味，以刺激性气味为主，因此，在整体香气中并不十分突出其原始的气味特征。但这些化合物沸点极低，易挥发，它可以“提扬”其他香气分子挥发，尤其是在饮酒入口时，很易挥发。所以，这些化合物实际起到了“提扬”入口“喷香”的作用。

5. 杂环类化合物

杂环类化合物是指具有环状结构，且构成环的原子除碳原子外还包含有其他原子的化合物，常见的其他原子有氧、氮和硫这三种。这类化合物的气味特征较明显，主要伴以似焦糖气味，在芝麻香型和酱香型白酒香气中尤为明显，与构成焦香气味或类似这类气味特征的白酒香气有着某种内在联系。这类化合物阈值很低，又是高沸点物质，可能在后味延长上起重要作用。

6. 含硫化合物

含硫类化合物是指含有硫原子的碳水化合物，它是包含链状和环状的含硫化合物。一般含硫的化合物香气阈值极低，极微量的存在就能察觉它的气味。它们的气味非常典型，一般表现为恶臭和令人不愉快的气味，气味持久难消。当浓度较稀时，气味表现较能令人接受，有葱蒜样气味；浓度极稀时，则有咸样的焦煳气或蔬菜气味。目前，从白酒中检出的含硫化合物只有几种，除杂环化合物中的噻吩外，还有硫醇和二硫化合物、三硫化合物等。

三、 不同香型白酒的香味特征与风格

白酒是含香味物质的高浓度酒精水溶液，其中酒精水溶液占到98%以上，而香味物质则不到2%，这部分香味物质被称作微量成分。微量成分在各种酒中的含量和比例不同，它们各自的呈香呈味强度也不同，构成了各种酒的不同香型和不同风格。

（一） 浓香型白酒

1. 香味特征

（1）以己酸乙酯为主体香，它的己酸乙酯含量为150~250mg/100mL。一般的浓香型优质酒均可达到这个指标。

（2）乳酸乙酯与己酸乙酯的比值，以小于1为好。

（3）丁酸乙酯与己酸乙酯的比值，以0.1左右为好。

（4）乙酸乙酯与己酸乙酯的比值，以小于1为好。

2. 风味特征

在浓香型白酒中，就其风格而言，存在着两种不同风格，也有人称不同流派，一类是川派的浓香型白酒，闻香以窖香浓郁、香味丰满而著称，在口味上突出了绵甜，气味上带有“陈香气味”或所谓的“老窖香”，似乎又带有微弱的“酱香气味”特征。另一类是江淮浓香型酒流派，它们的特点是突出己酸乙酯的香气，而且口味纯正，以醇甜爽净著称，也有人称之为纯浓派。香气大、窖香浓郁突出、浓中带陈等特点的酒为川派，而以口味醇和、绵甜、净爽为显著特点的酒为江淮派。

（二） 酱香型白酒

1. 香味特征

茅台酒香型的主要代表物质尚未定论，现有4-乙基愈创木酚说、吡嗪及加热香气说、呋喃类和吡喃类说、十种特征成分说等多种说法。传统说法，把茅台酒的香味成分分成三大类：酱香型、醇甜型、窖底香型。

根据目前对茅台酒香味成分的分析，可以认为酱香型酒具有以下特征：酸含量高，酯含量较低，醛酮类含量大，含氮化合物为各香型白酒之最（其中尤以四甲基吡嗪、三甲基吡嗪最为突出），正丙醇、庚醇、辛醇含量也相对较高。

2. 风味特征

（1）酱香突出，酱香、焦香、煳香的复合香气，酱香>焦香>煳香，香气幽雅细腻舒适。

（2）酒的酸度高，是形成酒体醇厚、丰满、口味细腻幽雅的主要因素。

（3）空杯留香持久。

酱香型白酒在外观上多数具有微黄的颜色，在气味上突出独特的酱香气味，香气不十分强烈，但很芬芳、幽雅，香气非常持久、稳定，空杯留香，仍能长时间保持原有的香气特征。在口味上突出了绵柔，不刺激，能尝出明显的柔和酸味，味觉及香气持久时间很长，落口比较爽口。

（三） 清香型白酒

1. 香味特征

（1）以乙酸乙酯为主体香，它的含量占总酯的50%以上。

（2）乙酸乙酯与乳酸乙酯匹配合理，一般在1∶0.6左右。

（3）乙缩醛含量占总醛的15.3%，与爽口感有关，虽然酒精度高，但是刺激小。

（4）正丙醇含量较高，有人认为这与清香型酒的清爽程度有关。

（5）酯大于酸，一般酸酯比为1∶(4.5~5)。

2. 风格特征

（1）主体香气是以乙酸乙酯为主、乳酸乙酯为辅的清雅、纯正的复合香气，幽雅、舒适。

（2）入口后有明显的辣感，且较持久，如水与酒精分子缔合度好，则刺激性减小。

（3）口味特别净，质量好的清香型白酒没有任何邪杂味。

（4）尝第二口后，辣感明显减弱，甜味突出，饮后有余香。

（5）酒体突出清、爽、绵、甜、净的风格特征。

清香型白酒与浓香型白酒相比，都是突出酯类的气味特征，但突出的酯类组分不同。清香型白酒突出乙酸乙酯淡雅的清香气味，气味非常纯正，很少夹杂其他气味，香气持久。清香型白酒入口刺激感比浓香型白酒稍强，味觉特点突出爽口，落口微带苦味。口味自始至终都体现了干爽的感觉，无其他异杂味，这是清香型白酒最大的风味特征。

（四） 米香型白酒

1. 香味特征

（1）主体成分是乳酸乙酯和乙酸乙酯及适量的β-苯乙醇。β-苯乙醇≥30mg/L。

（2）高级醇含量高于酯含量。其中，异戊醇最高达160mg/100mL，高级醇总含量为200mg/100mL，酯总含量约为150mg/100mL。

（3）乳酸乙酯含量高于乙酸乙酯，两者比例为（2~3）∶1。

（4）乳酸含量最高，占总酸的90%。

（5）醛含量低。

2. 风格特征

（1）以乳酸乙酯和乙酸乙酯及适量的β-苯乙醇为主体的复合香气，β-苯乙醇的香气较明显。

（2）口味特别甜，有发闷的感觉。

（3）后味稍短，但爽净，优质酒后味怡畅。

（4）口味柔和，刺激性小。

（五） 凤香型白酒

1. 香味特征

（1）以乙酸乙酯为主、己酸乙酯为辅的复合香气。

（2）有明显的以异戊醇为代表的醇类香气。异戊醇含量高于清香型，是浓香型的2倍。

（3）乙酸乙酯：己酸乙酯=4：1左右。

（4）本身特征香气成分是酒海溶出物，如丙酸羟胺、乙酸羟胺等。

2. 风格特征

（1）闻香以醇香为主，具有以乙酸乙酯为主、己酸乙酯为辅的复合香气。

（2）入口后有挺拔感。

（3）诸味谐调，一般是酸、甜、苦、辣、香五味俱全，饮后回甜，诸味浑然一体。

（4）有酒海贮存带来的特殊口味。

（六）药香型白酒

1. 香味特征

（1）兼有小曲酒和大曲酒的风格，使大曲酒的浓郁芬芳和小曲酒的醇和绵甜的特点融为一体。

（2）大曲和小曲中均配有品种繁多的中草药，使成品酒中有令人愉悦的药香。

（3）除药香外，董酒的香气主要来源于香醅，使董酒具有持久的窖底香，回味中带爽口的酸味。

（4）董酒的成分特点。三高：高级醇含量高、总酸含量高、丁酸乙酯含量高。一低：乳酸乙酯含量低。

2. 风格特征

（1）香气浓郁，酒香和药香协调、舒适。

（2）入口丰满。

（3）酒的酸度高，后味长。

（4）董酒是大、小曲并用的典型，而且加入多种中药材。故既有大曲酒的浓郁芳香、醇厚味长，又有小曲酒的柔绵、醇和回甜的特点，且带有舒适的药香、窖香及爽口的酸味。

（七）豉香型白酒

1. 香味特征

（1）酸、酯含量低。

（2）高级醇含量高。

（3）β-苯乙醇含量为白酒之冠。

（4）含有高沸点的二元酸酯，是该酒的独特成分，如庚二酸二乙酯、壬二酸二乙酯、辛二酸二乙酯，这些成分来源于浸肉工艺。

（5）β-苯乙醇含量≥50mg/L，二元酸二乙酯总量≥1.0mg/L。

2. 风格特征

（1）闻香突出豉香，有特别明显的“油哈味”。

（2）酒精度低，入口醇和，余味净爽，后味长。

（八） 芝麻香型白酒

1. 香味特征

（1）糠醛含量高。

（2）吡嗪化合物含量低于茅台及其他酱香型酒。

（3）检出五种呋喃化合物，其含量低于酱香型茅台酒，却高于浓香型白酒。

（4）己酸乙酯含量的平均值为174mg/L。

（5）β-苯乙醇、苯甲醇及丙酸乙酯的含量低于酱香型白酒。一般认为，这三种物质跟酱香浓郁有关。景芝白干含量低正是形成清雅风格之所在。

（6）景芝白干含有一定量的丁二酸二丁酯，平均值为4mg/L。

（7）该类酒国家标准中规定：乙酸乙酯≥0.80g/L、己酸乙酯在0.10~0.80g/L、3-甲硫基丙醇≥0.50mg/L。

2. 风格特征

（1）闻香以清香加焦香的复合香气为主。

（2）入口后焦煳香味突出，细品有类似芝麻香气（近似焙炒芝麻的香气），后味有轻微的焦香。

（3）口味醇厚。

（九） 特型白酒

1. 香味特征

（1）富含奇数碳脂肪酸乙酯（丙酸乙酯、戊酸乙酯、庚酸乙酯、壬酸乙酯），其总量为各种香型白酒之冠。

（2）正丙醇含量较多，与茅台、董酒相似。

（3）高级脂肪酸乙酯总量超过其他白酒近一倍，相应的脂肪酸含量也较高。

（4）乳酸乙酯含量高，居各种乙酯类之首，其次是乙酸乙酯，己酸乙酯居第三。

2. 风格特征

（1）清香带浓香是主体香，细闻有焦煳香。

（2）入口类似庚酸乙酯，香味突出。

（3）口味柔和，绵甜，稍有糟味。

（十） 兼香型白酒

1. 酱中带浓

（1）香味特征

① 庚酸含量高，平均值为200mg/L。

② 庚酸乙酯含量高，多数样品在200mg/L左右。

③ 含有较高的乙酸异戊酯。

④ 丁酸、异丁酸含量较高。

⑤ 该类酒国家标准中规定：正丙醇含量范围在0.25~1.00g/L，己酸乙酯含量范围在0.60~1.80g/L，固形物≤0.70g/L。

（2）风格特征

① 闻香以酱香为主，略带浓香。

② 入口后浓香较突出。

③ 口味较细腻，后味较长。

2. 浓中带酱

（1）香味特征　中国“玉泉酒”有八个特征：己酸乙酯高于“白云边酒”一倍；己酸大于乙酸（而“白云边酒”是乙酸大于己酸）；乳酸、丁二酸、戊酸含量高；正丙醇含量低（为“白云边酒”的1/2）；己醇含量高（达40mg/100mL）；糠醛含量高（高出“白云边酒”的30%，高出浓香型白酒的10倍，与茅台酒接近）；β-苯乙醇含量高（高出“白云边酒”的23%，与茅台酒接近）；丁二酸二丁酯含量是“白云边酒”的40倍。

（2）风格特征

① 闻香以浓香为主，带有明显的酱香。

② 入口绵甜、较甘爽，以浓香为主。

③ 浓、酱协调，后味带有酱味。

④ 口味柔顺、细腻。

（十一）老白干白酒

1. 香味特征

以河北“衡水老白干”为代表。

（1）以乳酸乙酯与乙酸乙酯为主。

（2）乳酸乙酯>乙酸乙酯。

（3）己酸、丁酸、戊酸含量均不高。

（4）戊酸比大曲清香酒高，丁酸与大曲清香酒接近，乙酸与乳酸均高于大曲清香酒。

（5）乙醛含量高于大曲清香酒。

（6）老白干酒的杂醇油含量高于大曲清香酒。尤其是异戊醇含量约为47mg/100mL，高于大曲清香酒近一倍。

（7）理化标准　高度酒优级品的乳酸乙酯≥0.5g/L，乳酸乙酯：乙酸乙酯≥0.80，己酸乙酯≤0.03g/L。

2. 风格特征

（1）香气是以乳酸乙酯和乙酸乙酯为主体的复合香气，协调、清雅，微带粮香，香气宽。

（2）入口醇厚，不尖、不暴，口感很丰富，又能融合在一起，这是突出的特点，回香微有乙酸乙酯香气，有回甜。

（十二）馥郁香型白酒

1. 香味特征

以湖南“酒鬼酒”为代表。

（1）在总酯中，己酸乙酯与乙酸乙酯含量突出，二者呈平行的量比关系。

（2）乙酸乙酯：己酸乙酯为（1~1.2）：1。

（3）四大酯的比例关系 乙酸乙酯：己酸乙酯：乳酸乙酯：丁酸乙酯约为1.2：1：0.57：0.19。

（4）丁酸乙酯较高，己酸乙酯：丁酸乙酯为（5~8）：1（浓香型白酒的己酸乙酯：丁酸乙酯为10：1~1.5）。

（5）有机酸含量高，高达200mg/100mL以上，大大高于浓香型、清香型、四川小曲清香，尤以乙酸、己酸突出，占总酸70%左右、乳酸19%左右、丁酸7%左右。

（6）高级醇含量适中，高级醇为110~140mg/100mL，高于浓香和清香，低于四川小曲清香，高级醇含量最多的异戊醇约为40mg/100mL，正丙醇、正丁醇、异丁醇含量也较高。

2. 风格特征

（1）闻香浓中带酱，且有舒适的芳香，诸香协调。

（2）入口有绵甜感，柔和细腻。

（3）余味长且净爽。

第四章　品评的组织

品评的组织，即科学、有效地组织品评工作顺利进行。品评工作组织得好，能使品评员对所提供酒样进行正确的分析，得出科学的结论，达到品评的目的。品评的组织包括以下几个方面：品评地点、场所的选择、人员的培训、所需物品（酒杯等）的准备、酒样的收集与归类、编号及提供、品评方法（分析表的准备）、结果分析、给定结论、评语等。

在品评前，需要做很多准备工作，以保证感官分析获得良好的结果。在这些准备工作中，最重要的是品评组织者须根据需要和品评的类型，选择适宜的品评方法。例如，专业品评员所参加的品评，多数是为了确定名次从而相互比较，因此，在品评前，组织者应将参评的酒样进行分类，然后按照白酒的类别进行品评，以确定出各类型白酒的名次。

第一节　品评的环境和条件

白酒的品评，是一项严肃认真的工作。环境条件与人感觉的灵敏度和准确性有很大关系，评酒环境的好坏，对评酒结果有较大的影响。为了排除外界干扰，获得准确的品评结果，正式的评酒应在特设的品评室中进行。

一、品评环境

品评环境的好坏，对品评结果有一定的影响。据有关资料介绍，在隔音、恒温、恒湿的品酒环境中用 2 杯法品评酒样，其准确率达到 71.1%，而在有噪声和震动的条件下，品评准确率仅为 55.9%。如果在空气有异味的环境中评酒，准确率就更低了。这说明了品评环境是影响品评结果的一个不容忽视的因素。一般对品评环境的要求为：无震动和噪声，清洁整齐，无异杂气味，空气新鲜，光线充足，温度以 20~25℃，相对湿度以 50%~60%为宜。品评室内还应有专用的品评桌，在桌子上有白色台布、茶水杯，并备有痰盂等，使品评员在幽雅、舒适的环境中进行品评活动。

二、品评条件

（1）专业品酒员　专业品酒员应具备一定素质。品酒员的品评能力，敬业精神和业务知识水平决定了品酒的结果。只有高水平的品酒员，才能当好酒的裁判员；只有正确评价酒的质量，才能找出质量的根源和提高产品质量的办法。因此，选择好的品酒员是十分重要的。

（2）品酒员要严格遵守品酒规则。

（3）有良好的品酒环境。

（4）品酒容器的要求　品酒杯应为无色透明，无花纹，杯体光洁，厚薄均匀的郁金香型酒杯，容量为 40~50mL。

（5）品酒时间　我国，一般认为上午 9~11 时，下午 3~5 时较适宜。在饭前挤时间，饭后立即品酒或周末品酒都会影响品评结果。

（6）酒样温度　酒样的温度对香味的感觉影响较大。一般人的味觉最灵敏的温度为 21~30℃。为了保证品评结果的准确性，要求各轮次的酒样温度应保持一致。一般在品酒前 24h 就必须把品酒样品放置在同一室内，使之同一温度，以免因温度的差异而影响品评的结果。

（7）酒样的编组　酒样的编组一般从无色到有色；酒度由低到高；香型按清香、米香、凤香、其他香、浓香、酱香型的顺序；质量顺序由低档酒到高档酒；酒精度顺序应是先低度酒后高度酒。

（8）品酒杯　品酒杯的标准应符合 GB/T 33404—2016《白酒感官品评导则》规定，如图 4-1 所示。

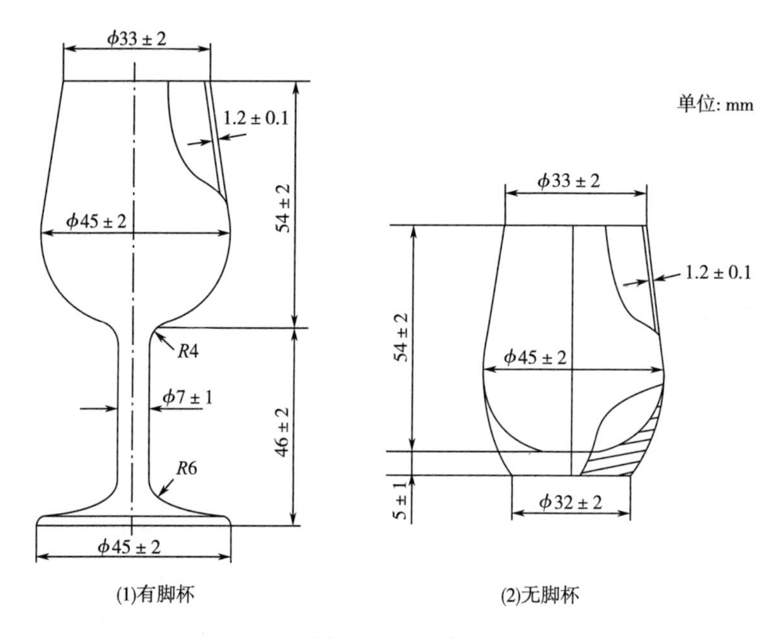

图 4-1　品酒杯

第二节　白酒品评的标准和规则

一、白酒品评的标准

白酒品评的主要依据是产品质量标准。在产品质量标准中明确规定了白酒感官技术要求，它包括色、香、味和风格 4 个部分。白酒品评就是将酒样与标准对照，看其达到标准的程度。目前在产品质量标准中有国家标准、行业标准、地方标准和企业标准。根据《中华人民共和国标准化法》规定，各企业生产的产品必须严格执行产品标准。首先要执行国家标准，无国家标准的再执行其他标准。

GB/T 10345—2007《白酒分析方法》规定了白酒感官要求的检测评定方法，适用于各种香型白酒感官的分析评定。现简述如下。

（1）色泽　将样品注入洁净、干燥的品评杯中，在明亮处观察，记录其色泽、清亮程度、沉淀及悬浮物情况。

（2）香气　将样品注入洁净、干燥的品酒杯中，先轻轻摇动酒杯，然后用鼻进行闻嗅，记录其香气特征。

（3）口味　将样品注入洁净、干燥的品酒杯中，喝入少量样品（约 2mL）于口中，以味觉器官仔细品评，记录口味特征。

（4）风格　通过品评香与味，综合判断是否具有该产品的风格特点，并记录其强、弱程度。

二、白酒品评的规则

（1）品评员一定要休息好，充分保证睡眠时间，要做到精力充沛，感觉器官灵敏，有效地参加品评活动。

（2）品评期间品评人员和工作人员不得用香水、香粉和使用香味浓的香皂。品评室内不得带入有芳香性的食品、化妆品和用具。

（3）品评前半小时不准吸烟。

（4）品评期间不能饮食过饱，不吃刺激性强的、影响品评效果的食物，如辣椒、生葱、大蒜以及过甜、过咸、油腻的食品。

（5）品评时保持安静。要独立思考，暗评时不许相互交流和互看品评结果。

（6）品评期间和休息时不准饮酒。

（7）品评员要注意防止品评效应的影响。

（8）品评工作人员不准向品评员暗示有关酒样情况，严守保密制度。

（9）非工作人员品评时不能进入准备室和品评室。

（10）酒样编号、洗杯、倒酒等准备工作应在准备室内进行。

第三节　影响品酒效果的因素

一、身体健康状况与精神状态因素

品评员的身体健康状况与精神状态如何对品评结果影响很大。因为生病、情绪及极度疲劳都会使人的感觉器官失调，从而使品评的准确性和灵敏度下降。因此，品评员在品评期间应保持健康的身体和良好的精神状态。

二、 心理因素

人的知觉能力是先天就有的，但人的判断能力是靠后天训练而提高的。因此，品评员要加强心理素质的训练，注意克服偏好心理、猜测心理、不公正的心理及老习惯心理，注意培养轻松、和谐的心理状态。在品评过程中，要防止和克服顺序效应、后效应和顺效应。

1. 顺序效应

品评员在品评酒时，产生偏爱先品评酒样的心理作用，这种现象称为正顺序效应；偏爱后品评酒样的心理作用称为负顺序效应。在品评时，对两个酒样进行同次数反复比较品评或在品评中以清水或茶水漱口，可以减少顺序效应的影响。

2. 后效应

品评前一个酒样后，影响后一个酒样的心理作用，称作后效应。在品完一个酒样后，一定要漱口，清除前一个酒的酒味后再品评下一个酒样，以防止后效应的产生。

3. 顺效应

在品评过程中，经较长时间的刺激，使嗅觉和味觉变得迟钝，甚至变得无知觉的现象称为顺效应。为减少和防止顺效应的发生，每轮次品评的酒样不宜安排过多，一般以 5 个酒样为宜。每天上、下午各安排二轮次较好，每评完 1 轮次酒后，必须休息 30min 以上，待嗅觉、味觉恢复正常后再评下一轮次酒。

三、 品评能力及经验因素

这是品评员必须具备的条件之一。只有具备一定的品评能力和丰富的品评经验，才能在品酒中得到准确无误的品评结果。否则，不配当品评员。因此，作为品评员，要加强学习和训练以及经常参与品评活动，不断提高品评技术水平和品评经验。

第四节 品评员的培训

白酒的品评是利用人的感觉，即视觉、嗅觉和味觉，鉴别白酒质量的一门技术。它不需经过样品处理，直接观色、闻香、品味来确定白酒质量与风格的优劣，或通过品评结果指导勾调。因其快速、准确的特点被所有厂家采用。

由于白酒品评的重要性越来越明显，所以国家、各省市以及各酒厂对品评员的选拔考核都非常重视。一支技术过硬的品评员队伍的建立，从大的方面讲，可以推动全国白酒行业的技术进步；从小的方面讲，可以提高产品质量，把住企业产品质量关，为消费者提供质量优异、风格稳定的白酒产品。

一、 评酒员应具备的条件

1. 有健康的身体并保持感觉器官的灵敏

这里主要指身体健康并应具有正常的灵敏的视觉、嗅觉和味觉。色盲、嗅盲和味盲是不能做品评员的。品评员平时要注意保养身体，预防疾病，保护感觉器官。要尽量不吃或少吃刺激性强的食物，少饮酒，更不能酗酒。要经常参加体育锻炼，使感觉器官保持灵敏状态。

2. 有一定的酒精耐受性

所谓酒精耐受性，是指品评员应具有一定的酒量，沾酒就醉是不宜参加品评工作的，但不是酒量越大越适宜做品评员。有的人虽然酒量很大，却尝不出什么滋味，也不能成为品评员。

3. 有实事求是和认真负责的工作态度

这是一名品评员应具有的优秀品德。一名品评员参与品评活动，不是代表本地区、本部门和本单位，不能从小集团利益出发参加评酒，而应代表广大消费者的要求和国家的利益参加评酒。因此要以对产品质量负责的精神参加评酒，尝评中要坚持实事求是、大公无私、质量第一的原则，排除非正常因素的影响和干扰，按质量标准要求进行品评工作。

4. 熟悉产品标准、产品风格和工艺特点

白酒产品生产工艺不同，其香型种类较多，且各具特色，质量差异也较大。一名品评员要加强业务知识的学习，扩大知识面，既要熟悉产品标准和产品风格，又要了解产品的工艺特点。通过品评，找出质量差距，分析质量问题的原因，以促进产品质量的提高。

5. 有较高的品评能力与品评经验

一名品评员的品评能力和品评经验主要来自刻苦学习和经验的不断积累。特别是要在基本功上下功夫，不断提高检出力、识别力、记忆力和表现力。

（1）检出力　品评员应具有灵敏的视觉、嗅觉和味觉的功能，因而对色、香、味有很强的辨别能力，即检出力。这是品评员应具备的基本条件。

（2）识别力　在提高检出力的基础上，品评员应能识别各香型白酒及其优缺点，从而能区分不同香型并判断质量差。

（3）记忆力　通过不断地训练和实践，广泛接触各种酒，在品评过程中提高自己的记忆力，如重复性和再现性等。这也是评酒员必备的条件。

（4）表现力　品评员应在识别和记忆中找出问题的所在，并有所发挥。不仅以合理打分来表现色、香、味和风格的正确性，而且能把抽象的东西用简练的语言描述出来。因此作为一名品评员除具备以上基本功外，还要有相当的文化程度。

（5）要坚持为社会服务的宗旨　一名品评员要为生产厂家和社会服务，把个人的知识和技能变为社会的财富。对产品质量要公正地提出自己的意见，以便采取改进措施，提高产品质量和经济效益。

二、 品评员的训练

品评员要经常进行色、香、味感觉器官的练习。考核之前均应通过培训，以便提高水平、统一认识、统一评分水平。下面介绍常用的训练方法，供品评员训练时参考。

1. 视觉的训练

（1）以黄血盐分别配成质量分数为 0.05%、0.1%、0.15%、0.2%、0.25%、0.3% 的水溶液，进行密码编号，辨别颜色深浅，并排列次序。

（2）进行3年以上陈酒、新酒、60%（体积分数）酒精和酱香型白酒的颜色比较。

（3）选配微浑、浑浊、失光、沉淀和有悬浮物的样品，认真加以区别。

2. 嗅觉的训练

对酒中各种气味加以认识和区别。

（1）以乙酸、丙酸、丁酸、戊酸、己酸、乳酸等分别配成0.1%的酒精溶液进行嗅闻，以了解各种酸类物质在酒中的气味，记住各自的特点，认真加以区别。

（2）以乙酸乙酯、丙酸乙酯、丁酸乙酯、戊酸乙酯、己酸乙酯、乳酸乙酯等分别配成0.01%的酒精溶液进行嗅闻，以了解各种酯类物质在酒中的气味，记住各自的特点，认真加以区别。

（3）以乙醇、丙醇、正丁醇、异丁醇、正戊醇、异戊醇、正己醇等分别配成0.02%的酒精溶液进行嗅闻，以了解各种醇类物质在酒中的气味，记住各自的特点，认真加以区别。

（4）以乙醛、乙缩醛、糠醛、醋、双乙酰等分别配成0.2%的酒精溶液进行嗅闻，记住各自的特点，认真加以区别。

（5）取香蕉、菠萝、葡萄、玫瑰、茉莉、柠檬、杨梅、桂花等香精分别配成1mg/L的水溶液进行嗅闻。若浓度不够，不易嗅出，可根据本人的具体情况，适当加大溶液浓度。

（6）取60%（体积分数）酒精、液态法白酒、调香酒、串香酒、固态法白酒、小曲酒等进行嗅闻比较，以了解不同工艺酒的不同气味。

（7）取黄浆水、酒头、酒尾、酒精、窖泥、大曲、糠蒸馏液等，用50%（体积分数）左右的酒精浸出，澄清后取上清液，分别嗅闻，以辨别白酒的杂味。

3. 味觉的训练

对酒中各种味道加以认识和区别。

（1）以乙酸、丙酸、丁酸、戊酸、己酸、乳酸等分别配成0.1%、0.05%、0.025%、0.0125%浓度的酒精溶液，反复尝味。

（2）以乙酸乙酯、丙酸乙酯、丁酸乙酯、戊酸乙酯、己酸乙酯、乳酸乙酯等分别配成0.1%、0.05%、0.025%、0.0125%浓度的酒精溶液，反复尝味。

（3）取同一基酒，分别兑成酒精含量为65%、60%、55%、50%、45%、40%、35%等不同酒精度的酒，品评鉴别其酒精度高低。

（4）分别配制砂糖0.75%、食盐0.2%、柠檬酸0.015%、奎宁0.0005%、单宁0.03%、味精0.1%的水溶液，品评鉴别各味的区别。

（5）取黄浆水、酒头、酒尾、酒糟、窖泥液、大曲液、糠蒸馏液、底锅水等，分别用50%（体积分数）酒精配成适当酒液，进行品味，记住各自特点。

（6）取大曲酒、小曲酒、串香酒、调香酒、液态酒等进行尝味，了解不同工艺酒的特点。

4. 其他训练

（1）区分各种香型的准确性　目前我国白酒香型已发展到12个，即浓香型、清香型、米香型、酱香型、凤香型、豉香型、芝麻香型、特香型、兼香型、董香型、老白干香型和馥郁香型。在训练时，要抓住特点，注意利用白酒的色、香、味来确定香型和风格。

（2）同轮重复性　在同一轮次中有两个相同的酒样，经品评后，其香型、评语及打分应该相同。要求写出香型、评语及分数。若其中香型判断错误，则重复性判断也错误。

（3）异轮再现性　取同一酒样分别插入两个相近轮次的酒杯中，密码编号，进行品评。要求准确打分，写出评语和香型。同一酒样，其香型、评语和分数应相同。若其中香型判断错误，则再现性的判断也错误。

（4）质量差异　在同一香型酒样的轮次中，根据不同酒质进行品评、打分和写出评语。酒质好的分数高，评语表达好；酒质差的分数低，评语表达也差。最后根据分数和评语排列顺序说明其质量差异。

5. 几种品评方法的训练

（1）1 杯品评法　先拿出 1 杯酒样为 1 号，品评后取走，再拿出 1 杯酒样为 2 号，继续品评。要求对 1 号 2 号酒样做出是否相同的回答。此法用来训练品评人员的记忆力和再现性。

（2）2 杯品评法　1 次拿出 2 杯酒样，其中 1 杯是标准样，另 1 杯是被检酒样。要求品评 2 杯酒样的异同点。此法用来训练品评人员对酒样质量差异的辨别能力。

（3）3 杯品评法　又称三角品评法。1 次拿出 3 杯酒样，其中 2 杯是一种酒。要求准确品评出 2 杯相同的酒样及与第 3 杯酒样的差异。此法用来训练品评员的准确性，提高重现性和辨别能力。

（4）顺位品评法　将几种酒样（5~6 种）密码编号进行暗评，以酒质优劣排列顺位。优者在前，次者列后。此法训练品评员对酒质差异的分辨能力。在企业中常用于挑选基酒和调味酒，以便确定配方。

（5）计分品评法　将酒样分别进行暗评，按色、香、味和风格打分并写评语。以色 10 分、香气 25 分、口味 50 分和风格 15 分为百分制，然后将小分相加，按总分排列顺位或名次，填入品评记录表。此法常用于评优和检评质量。

三、 品评员的考核

品评员的考核应在培训的基础上进行。我国白酒评委的考核自 1979 年第三届全国评酒会开始，不断地得到发展和完善，对我国白酒事业的发展起到了积极的推动作用。考核内容主要包括白酒生产基本理论、嗅觉味觉测试、白酒产品各种实测等。

1. 建立权威性的考核班子

品评员分国家级、省（市）部级。企业也需建立一支过硬的品评技术队伍，在品评员的考核工作中，首先要建立具有权威性的考核班子。这个班子的主体是专家组。由上级主管部门或领导机构授权专家组负责全面的组织领导和技术工作。

自 1979 年第三届全国评酒会到 1989 年第五届全国评酒会以来，连续三届由主管部门（第三届为轻工业部，第四、第五届为中国食品工业协会）聘请白酒专家组成专家组对国家级白酒评委进行了考核。通过严格的考核，选拔出来的国家级白酒评委在技术素质和思想作风上都是比较过硬的。

2. 坚持考核条件，择优录取

在品评员考核过程中，要坚持考核条件，把眼界开阔、基本功扎实、善于学习、熟悉生产工艺并具有大公无私精神的技术骨干，经科学的考核择优录取出来。宁缺毋滥，任人唯贤，确保成绩优异者能被录取，从而保证品评员的技术素质和思想素质。

3. 坚持理论与实际能力相结合

在考核内容上，要坚持理论与实际能力相结合的考核办法，使品评员具有一定的相关理论知识和实际品评能力，以实际品评能力为主。因此，考核内容应分理论知识和实际品评能力测试两部分。一般理论考试占 20 分，实际品评能力占 80 分。

四、 给品评员的几点建议

1. 了解生产工艺

品评员的任务就是品评厂际之间、本厂及车间班组酒质量的优劣。品评员必须了解生产工艺，才能推断出酒的优缺点是由何而来，才能对改进工艺、提高质量提出建议。即便难以一矢中的，但也应该道出其梗概来。所以品评员了解生产工艺是职业所决定的。不懂工艺的品评员只能是个“瘸腿”品评员。

2. 了解库存情况

在大多数酒厂，品评员多是勾调员。酒库是生产工艺的一个重要组成部分，因为酒在库里并不是静止的，还发生着质的变化。作为品评员首先要把好入库关，这是勾调的基础，同时还要了解库存量，尤其是不同工艺、不同贮存期的库存量。对各种类型的酒，如酒头、酒尾、双轮底酒、长发酵期酒、高酯酒等以及各种不同味道的奇异酒，要做到心中有数。只有充分掌握这些情况，勾调起来才能得心应手。

3. 了解市场需求

白酒市场竞争激烈，情况瞬息万变，品牌不断更换，新产品层出不穷。作为品评员要顺应市场变化，不断调整产品组分和结构以满足市场需求。品酒员不能只顾埋头勾调品评，不能只顾低头拉车而不抬头看路，要与销售人员密切配合，走出去调查市场，了解市场，听取消费者意见，缩小专业品评和消费者认知上的差异，只有这样才能有的放矢，产销对路，才能使产品在市场上立于不败之地。

4. 了解行业动态

品评员是用嗅觉、味觉器官当作仪器来衡量、评价和判断酒的优劣，所以应对嗅觉和味觉的组织及传达等应有所了解，这是品评员的必备条件。同时还要求品评员要勤奋学习，开阔眼界，不断地用新知识、新技术武装头脑，进一步深入学习酿酒生产工艺，学习微生物发酵和白酒香味成分的相关基础知识，学习计算机及相关新技术，不断地提高自己。

品评必须与生产工艺相结合，通过品评来指导生产才是品评的真正目的。品评必须与检验相结合，了解香味成分的平衡性，才能保证产品的稳定性。解决好这两方面问题，品评将发挥更大的作用。

五、 品评员的各项工作

品评员在日常生产活动中，主要有以下 7 项品评工作。

1. 生产品酒

对白酒来说，主要是品评新酒，以了解生产工艺是否正常，同时也为分类入库创造条件。

2. 查库品酒

检查在库酒的成熟情况，初步确定出厂日期及数量，做到对库存半成品质量与数量心中有数，为下一步勾调奠定基础。更重要的是，在贮存过程中，跟踪了解酒质的变化情况，及时发现问题，提前处理。

3. 勾调品酒

先从各个容器中取出样品，编号品评，将不同质量酒按一定比例勾调成小样，与标准酒样对照品评，不同时需另行选配，直到达到要求为止。经放置后，再与标准酒样对照，达到目标后即开始大样勾调。大样勾调后与标准酒样对比品评，确认达到标准，进行贮存。贮存后经品评，无变化即可进入过滤工序。将不同香味的酒、不同贮存期的酒进行勾调，以达到目标酒质，确保产品质量与风格的一致性，是品评员的中心任务。

4. 包装前后品酒

在包装前评一次酒，待产品质量得到确认后再进行包装。出厂前最后品评把关，并留样注明日期，封存备查。

5. 对比品酒

从市场购入酒样，对照评比，以了解本厂产品与其他企业酒质量上的差距，做到知己知彼，并提出意见和建议供改进工艺、提高产品质量及制定市场营销策略参考。

6. 抽查品酒

产品经常在运输及商店保存期间出现问题。应以对产品质量负责到底的精神，经常到销售单位抽查产品质量是否在出厂后出现变化，并及时提出改进措施。

7. 事故品酒

出厂后酒的质量出现事故，需要对该酒认真品尝并与封存酒样对照，认真总结，明确责任，了解事故来源，提出改进措施。

第五节　酒样的收集、归类及编号

一、 酒样的收集

品评的目的不同，酒样的收集（获取）方法和途径也不一样，其中比较严格的是较高层次的分级品评和质量检验品评。前者是为了排定同一类型白酒的不同样品名次，后者是为了确定白酒是否达到已定的感官质量标准。其酒样的获取主要通过以下程序进行的。

组织单位实地或从市场上随机取样、购样、封样，然后由提供样品单位将封样样品寄送到指定地点，并由组织单位进行验样，最后登记入库。

二、 酒样的归类、编号

酒样入库登记后，应将酒样归类、编号，可以在品评时按一定顺序提供给品评员。以质检和分级为目的的品评，要求酒样按国家规定的分类进行归类，这样才能将同一类别的不同白酒进行比较。如按照酒的香型将其分别归入酱香、浓香或清香等；再按照质量差，将其归入特级、一级、二级等。为排除其他因素的干扰，保证结果的可靠性，品评时提供的酒样一般为密码编号。所以应对酒样进行密码编号，并保存好原始记录。

第六节　品评记录

品评记录表是品评员评酒过程中不可缺少的辅助工具，它可方便品评员描述所获得的感觉，也是组织者进行统计及分析的依据。品评记录表的格式编排要能全面反映品评员在评酒过程中所用到的各种感觉，但也要依据品评的目的和酒样的类别不同而所有侧重。一方面是基于方便品评员在品酒过程中对白酒的感官特征的各个方面的感知及描述，另一方面也要便于结果统计和分析。

白酒品评计分是由品评员根据所品酒样的酒质情况，按照评分标准给予恰当的评分，然后将各项评分之和计为总分，再根据各酒样所得总分，排列出酒样的优劣名次。所谓评分，实际上是扣分，即按白酒品评表上的各分项，根据酒质情况，对照标准逐项扣分，将扣分后的得分写在分项栏目中，最后计算分项得分的总和即为总分。

在本节中，我们介绍一些国内常用的品评记录表。这些记录表的主要目的是方便品评员描述他所获得的感官特征。品评记录表主要有以下几类。

（1）只对所观察到感官特性进行描述，如需要，只给一个总分；

（2）给每个主要感官特性（色、香、味、格）分别打分，这些分数的总和就是这个酒样的总分；

（3）总分与各主要感官特性的打分完全独立。

下面我们就给出不同的品评表（表4-1至表4-14），读者可以进行比较分析。

表4-1　　传统白酒品评记录表

______轮次：　　年　月　日

酒样编号	评酒计分				总分（100分）	评语	顺位
	色（10分）	香（25分）	味（50分）	格（15分）			
1							
2							
3							
4							
5							

表 4-2　　改进后白酒品评记录表

______轮次：　　年　月　日　　　　　　　　　　　　　　　　姓名：

项目	色 （5 分）	香 （20 分）	味 （60 分）	格 （5 分）	酒体 （5 分）	个性 （5 分）	总分 （100 分）	顺位
1								
2								
3								
4								
5								

表 4-3　　传统白酒品评计分标准

色泽		香气		口味		风格	
项目	分数	项目	分数	项目	分数	项目	分数
无色透明	+10	具有本香型的香气特点	+25	具有本香型的口味特点	+50	具有本品的特有风格	+15
浑浊	-4	放香不足	-2	欠绵软	-2	风格不突出	-3
沉淀	-3	香气不纯	-2	欠回甜	-2	偏格	-5
悬浮物	-2	香气不足	-2	淡薄	-2	错格	-10
带色	-2	带有异香	-5	冲辣	-3		
		有不愉快味	-5	后味短	-2		
		有杂醇油味	-5	后味淡	-2		
				后味苦	-3		
				涩味	-4		
				焦煳味	-4		
				辅料味	-5		
				梢子味	-5		
				杂醇油味	-5		
				糠腥味	-5		
				其他邪杂味	-6		

注："+" 表示加分，"-" 表示扣分。

表 4-4　　改进后白酒品评计分标准表

色泽		香气		口味		风格		酒体		个性	
项目	分数	项目	分数	项目	分数	项目	分数	项目	分数	项目	分数
无色透明或微黄	+5	具有本品固有香气	+20	具有本品固有口味	60	具有本品特有风格	+5	丰满完美	+5	个性明显悦人	+5

续表

色泽		香气		口味		风格		酒体		个性	
项目	分数	项目	分数	项目	分数	项目	分数	项目	分数	项目	分数
浑浊	−2	放香不足	−1	欠绵甜	−2	不突出	−0.5	较丰满	−0.5	较明显	−0.5
沉淀	−1	香气较淡	−1	欠柔顺	−2	不明显	−1	欠完美	−1.0	不明显	−1.0
悬浮物	−1	香气不纯	−2	淡薄	−3	偏格	−2	欠丰满	−1.5	难接受	−2
		异香	−3	冲辣	−3	错格	−4				
		有不愉快气味	−5	后味短	−2						
				欠谐调	−5						
				苦涩	−5						
				邪杂味	−6						

表 4-5　原酒感官品评表

色泽	清亮透明		5			
	略失光	4	4.5			
香气质量	香气幽雅	19.5	20			
	香气浓郁	18.5	19			
	香气较浓郁	17.5	18			
	香气一般	14	15	16	17	
入口	入口香绵	19.5	20			
	入口香顺	18.5	19			
	入口稍辣	17.5	18			
	入口糙辣	16	17			
醇甜	醇厚醇甜	9.5	10			
	醇甜	8.5	9			
	稍醇甜	7.5	8			
酒体	酒体丰满	9.5	10			
	酒体较丰满	8.5	9			
	酒体一般	7.5	8			
	酒体欠丰满	5	6	7		

续表

爽净	爽净	9.5	10			
	较爽净	8.5	9			
	欠爽净	7.5	8			
回味	回味悠长	9.5	10			
	回味长	8.5	9			
	回味稍长	7.5	8			
个性	个性典型	14.5	15			
	个性突出	13.5	14			
	个性明显	12.5	13			
					总得分	
鉴评人					日期	

表 4-6　　　　检验机构品评记录表

样品编号：________　　　　检验时间：________

样品执行标准：________　　　　酒精度和等级：________

感官评定记录

<table>
<tr><td>1. 检验项目</td><td colspan="3">感官指标</td></tr>
<tr><td>2. 检验方法</td><td colspan="3">GB/T 10345—2007</td></tr>
<tr><td rowspan="2">3. 品酒环境</td><td>室内温度（℃）</td><td colspan="2">相对湿度（%）</td></tr>
<tr><td></td><td colspan="2"></td></tr>
<tr><td>4. 品评过程</td><td colspan="3">评酒的操作，是以眼观其色，鼻闻其香，口尝其味，并综合色、香、味三方面的情况确定其风格，来完成感官尝评全过程。</td></tr>
<tr><td>项目</td><td colspan="2">感官要求</td><td>检验结果</td></tr>
<tr><td>色泽和外观</td><td colspan="2"></td><td></td></tr>
<tr><td>香气</td><td colspan="2"></td><td></td></tr>
<tr><td>口味</td><td colspan="2"></td><td></td></tr>
<tr><td>风格</td><td colspan="2"></td><td></td></tr>
<tr><td>感官评定人员</td><td colspan="3"></td></tr>
</table>

表 4-7　　　　国外品评记录表

<table>
<tr><td>颜色</td><td>异色</td><td colspan="16">微黄色</td><td colspan="2">无色</td></tr>
<tr><td>清亮度</td><td>沉淀</td><td colspan="16">失光</td><td colspan="2">透明</td></tr>
<tr><td>感官特征
程度副词</td><td>无</td><td colspan="6">弱、短
（稍、微）</td><td colspan="6">中等
（尚可、较）</td><td colspan="6">强、长
（明显、突出、典型）</td></tr>
<tr><td>五点标度</td><td>0</td><td colspan="3">1</td><td colspan="3">2</td><td colspan="6">3</td><td colspan="3">4</td><td colspan="3">5</td></tr>
<tr><td>九点标度</td><td>0</td><td colspan="2">1</td><td colspan="2">2</td><td colspan="2">3</td><td colspan="2">4</td><td colspan="2">5</td><td colspan="2">6</td><td colspan="2">7</td><td colspan="2">8</td><td colspan="2">9</td></tr>
</table>

表 4-8　　　　色泽与香气、酒体、个性计分标准

色泽		香气	
项目	分数	项目	分数
无色透明或微黄透明	+5	具有本品固有的香气	+20
稍有浑浊	-0.5	放香小	-0.5
稍有沉淀	-0.5	香气不纯	-1
有悬浮物	-1		
有明显沉淀	-1	带有异香	-1
		有不愉快气味	-2
酒体		个性	
项目	分数	项目	分数
酒体丰满完美	+5	个性明显，悦人	+5
酒体较丰满，较完美	-0.5	个性较明显可接受	-0.5
酒体欠完美	-1.0	个性不明显	-1.0
酒体欠丰满	-1.5	个性难接受	-1.5

表 4-9　　　　口味与风格计分标准

口味		风格	
项目	分数	项目	分数
具有本品固有的口味特点	+60	具有本香型本品的特有风格	+5
欠绵甜	-1	本香型风格不突出	-0.5
欠柔顺	-1	本香型风格不明显	-1
口味淡薄	-2	本品风格不明显	-1.5
口味冲辣	-3		
后味短	-1		
香味欠谐调	-2		
后味苦不净	-2		
有异味	-3		

表 4-10　　白酒感官品评表

______轮次：　　年　月　日　　　　　　　　　　　　　　　　　　姓名：

项目 / 酒样	色 5 分	香 20 分	味 60 分	风格 5 分	酒体 5 分	个性 5 分	100 分
1							
2							
3							
4							
5							

表 4-11　　白酒感官品评表

年　月　日

酒样编号	评酒计分				总分（100）	评语	顺位
	色（10 分）	香（25 分）	味（50 分）	格（15 分）			

单位：　　　　　　　　　　　　　　　　　　　　品评员：

表 4-12 通用香型白酒感官品评表

LCX—白酒品评系统

轮次	
[0]	[0]
[1]	[1]
[2]	[2]
[3]	[3]
[4]	[4]
[5]	[5]
[6]	[6]
[7]	[7]
[8]	[8]
[9]	[9]

评委编号	
[0]	[0]
[1]	[1]
[2]	[2]
[3]	[3]
[4]	[4]
[5]	[5]
[6]	[6]
[7]	[7]
[8]	[8]
[9]	[9]

说明

1. 请实事求是填涂。
2. 此表共有 24 大项，其中必涂 20 大项，自选项 4 大项（第 21、22、23、24 项）。
3. 选定大项包括的若干小项中，必须只能涂一个小项。
4. 不要折叠，不要弄脏本卡。
5. 请用 2B 铅笔填涂。

填涂示范

正确填涂

▬

错误填涂

✓

项目	选择项	1	2	3	4	5	序号	项目	选择项	1	2	3	4	5	序号
一 色泽	(1) 无色（或微黄）	=	=	=	=	=	1	十一 甜味	(1) 口味醇甜回甜	=	=	=	=	=	39
	(2) 有异色	=	=	=	=	=	2		(2) 口味甜	=	=	=	=	=	40
	(3) 异色较重	=	=	=	=	=	3		(3) 口味较甜	=	=	=	=	=	41
二 透明度	(1) 清亮透明	=	=	=	=	=	4		(4) 口味欠甜	=	=	=	=	=	42
	(2) 较清亮透明	=	=	=	=	=	5	十二 前味	(1) 入口绵顺	=	=	=	=	=	43
	(3) 稍有浑浊或悬浮物	=	=	=	=	=	6		(2) 入口较绵顺	=	=	=	=	=	44
三 主体香气	(1) 主体香突出	=	=	=	=	=	7		(3) 入口平淡	=	=	=	=	=	45
	(2) 主体香明显	=	=	=	=	=	8		(4) 入口糙辣	=	=	=	=	=	46
	(3) 有主体香	=	=	=	=	=	9	十三 后味	(1) 后味悠长	=	=	=	=	=	47
	(4) 主体香欠明显	=	=	=	=	=	10		(2) 后味长	=	=	=	=	=	48
四 香气质量	(1) 香气纯正	=	=	=	=	=	11		(3) 后味较长	=	=	=	=	=	49
	(2) 香气较纯正	=	=	=	=	=	12		(4) 后味短	=	=	=	=	=	50
	(3) 香气欠纯正	=	=	=	=	=	13	十四 陈味	(1) 陈味幽雅	=	=	=	=	=	51
	(4) 有异香	=	=	=	=	=	14		(2) 陈味明显	=	=	=	=	=	52
五 香气大小	(1) 香气大	=	=	=	=	=	15		(3) 有陈味	=	=	=	=	=	53
	(2) 香气较大	=	=	=	=	=	16		(4) 陈味不明显	=	=	=	=	=	54
	(3) 香气小	=	=	=	=	=	17	十五 本香型风格	(1) 本香型风格突出	=	=	=	=	=	55
	(4) 香气弱	=	=	=	=	=	18		(2) 本香型风格明显	=	=	=	=	=	56
六 香味协调程度	(1) 香味谐调	=	=	=	=	=	19		(3) 本香型风格不明显	=	=	=	=	=	57
	(2) 香味较谐调	=	=	=	=	=	20	十六 本品风格	(1) 本品固有风格突出	=	=	=	=	=	58
	(3) 香味尚谐调	=	=	=	=	=	21		(2) 本品固有风格明显	=	=	=	=	=	59
	(4) 香味欠谐调	=	=	=	=	=	22		(3) 本品固有风格不明显	=	=	=	=	=	60
七 口味醇厚程度	(1) 口味醇厚	=	=	=	=	=	23	十七 酒体完美程度	(1) 酒体完美	=	=	=	=	=	61
	(2) 口味较醇厚	=	=	=	=	=	24		(2) 酒体较完美	=	=	=	=	=	62
	(3) 稍有醇厚感	=	=	=	=	=	25		(3) 酒体欠完美	=	=	=	=	=	63
	(4) 口味欠醇厚	=	=	=	=	=	26	十八 酒体丰满程度	(1) 酒体丰满	=	=	=	=	=	64
八 诸味协调程度	(1) 诸味谐调	=	=	=	=	=	27		(2) 酒体较丰满	=	=	=	=	=	65
	(2) 诸味较谐调	=	=	=	=	=	28		(3) 酒体平淡	=	=	=	=	=	66
	(3) 诸味尚谐调	=	=	=	=	=	29	十九 个性突出	(1) 本品个性突出	=	=	=	=	=	67
	(4) 诸味欠谐调	=	=	=	=	=	30		(2) 本品个性明显	=	=	=	=	=	68
九 口味净爽程度	(1) 口味净爽	=	=	=	=	=	31		(3) 本品个性不明显	=	=	=	=	=	69
	(2) 口味较净爽	=	=	=	=	=	32	二十 个性悦人	(1) 本品个性悦人	=	=	=	=	=	70
	(3) 口味欠净爽	=	=	=	=	=	33		(2) 本品个性可接受	=	=	=	=	=	71
	(4) 口味杂	=	=	=	=	=	34		(3) 本品个性难接受	=	=	=	=	=	72
十 口味柔顺程度	(1) 口味柔顺	=	=	=	=	=	35	二十一、外观其他缺陷		=	=	=	=	=	73
	(2) 口味较柔顺	=	=	=	=	=	36	二十二、香气其他缺陷		=	=	=	=	=	74
	(3) 口味欠柔顺	=	=	=	=	=	37	二十三、口味其他缺陷		=	=	=	=	=	75
	(4) 口味冲烈	=	=	=	=	=	38	二十四、风格其他缺陷		=	=	=	=	=	76

表 4-13　　白酒感官品评反馈表

产品名称企业名称

香型酒度

编号平均值

序号	项目	选择项	评委人数	序号	项目	选择项	评委人数
1	一 色泽	（1）无色（或微黄）		39	十一 甜味	（1）口味醇甜回甜	
2		（2）有异色		40		（2）口味甜	
3		（3）异色较重		41		（3）口味较甜	
4	二 透明度	（1）清亮透明		42		（4）口味欠甜	
5		（2）较清亮透明		43	十二 前味	（1）入口绵顺	
6		（3）稍有浑浊或悬浮物		44		（2）入口较绵顺	
7	三 主本香气	（1）主体香突出		45		（3）入口平淡	
8		（2）主体香明显		46		（4）入口糙辣	
9		（3）有主体香		47	十三 后味	（1）后味悠长	
10		（4）主体香欠明显		48		（2）后味长	
11	四 香气质量	（1）香气纯正		49		（3）后味较长	
12		（2）香气较纯正		50		（4）后味短	
13		（3）香气欠纯正		51	十四 陈味	（1）陈味幽雅	
14		（4）有异香		52		（2）陈味明显	
15	五 香气大小	（1）香气大		53		（3）有陈味	
16		（2）香气较大		54		（4）陈味不明显	
17		（3）香气小		55	十五 本香型风格	（1）本香型风格突出	
18		（4）香气弱		56		（2）本香型风格明显	
19	六 香味协调程度	（1）香味谐调		57		（3）本香型风格不明显	
20		（2）香味较谐调		58	十六 本品风格	（1）本品固有风格突出	
21		（3）香味尚谐调		59		（2）本品固有风格明显	
22		（4）香味欠谐调		60		（3）本品固有风格不明显	
23	七 口味醇厚程度	（1）口味醇厚		61	十七 酒体完美程度	（1）酒体完美	
24		（2）口味较醇厚		62		（2）酒体较完美	
25		（3）稍有醇厚感		63		（3）酒体欠完美	
26		（4）口味欠醇厚		64	十八 酒体丰满程度	（1）酒体丰满	
27	八 诸味协调程度	（1）诸味谐调		65		（2）酒体较丰满	
28		（2）诸味较谐调		66		（3）酒体平淡	
29		（3）诸味尚谐调		67	十九 个性突出	（1）本品个性突出	
30		（4）诸味欠谐调		68		（2）本品个性明显	
31	九 口味净爽程度	（1）口味净爽		69		（3）本品个性不明显	
32		（2）口味较净爽		70	二十 个性悦人	（1）本品个性悦人	
33		（3）口味欠净爽		71		（2）本品个性可接受	
34		（4）口味杂		72		（3）本品个性难接受	
35	十 口味柔顺程度	（1）口味柔顺		73	二十一外观其他缺陷		
36		（2）口味较柔顺		74	二十二香气其他缺陷		
37		（3）口味欠柔顺		75	二十三口味其他缺陷		
38		（4）口味冲烈		76	二十四风格其他缺陷		

表 4-14　　白酒 G · R 评分表

类别	打分项目	分数分布	分数
视觉评分	澄清透明，有无杂质	清澈透明	5
视觉评分	澄清透明，有无杂质	颜色较透明、无悬浮物	4
视觉评分	澄清透明，有无杂质	有失光现象	3
视觉评分	澄清透明，有无杂质	酒体失光	2
视觉评分	澄清透明，有无杂质	颜色呈乳状浑浊	1
视觉评分	澄清透明，有无杂质	酒中有明显沉淀物或较大颗粒	0
嗅觉评分	幽雅馥郁	香气中呈现果香、陈香、窖香、粮香等复合愉悦香气，诸香纯正协调	5
嗅觉评分	幽雅馥郁	香气浓馥、沉溢，复合香舒适	4
嗅觉评分	幽雅馥郁	较幽雅，复合香气一般，其他香气较为突出	3
嗅觉评分	幽雅馥郁	香气欠幽雅，放香程度弱	2
嗅觉评分	幽雅馥郁	香气淡薄，无特点或带有轻微异香	1
嗅觉评分	幽雅馥郁	异杂香明显突出	0
嗅觉评分	陈香	芳香四溢，带有明显的除酒香以外的特殊香气	7
嗅觉评分	陈香	香气舒服，陈香突出	6
嗅觉评分	陈香	酒香、陈香放香协调	5~3
嗅觉评分	陈香	酒香明显，带有较弱陈香	2~1
嗅觉评分	陈香	有较重新酒香气	0
嗅觉评分	窖香	浓郁的类似熟泥的芳香，香气浓郁，主体香突出	8
嗅觉评分	窖香	放香自然厚重，主体香明显	7
嗅觉评分	窖香	香气纯正，放香大而舒服，空杯带有细微窖泥香	6
嗅觉评分	窖香	香气自然纯正，窖香不突出，无异香	5
嗅觉评分	窖香	放香较弱，无异香	4
嗅觉评分	窖香	香气欠纯正，杂香突出	3
嗅觉评分	窖香	串酒香气	2
嗅觉评分	窖香	外加酯香明显	1
嗅觉评分	窖香	生酒精气明显	0
嗅觉评分	粮香	馥郁舒服的熟粮食的愉悦香气	5
嗅觉评分	粮香	多粮香突出，馥郁性好	4
嗅觉评分	粮香	粮糟香突出或单粮酒香，馥郁性一般	3
嗅觉评分	粮香	糟香过于突出，将粮香覆盖	2
嗅觉评分	粮香	粮糟香不明显	1
嗅觉评分	粮香	异杂味突出	0
嗅觉评分	其他香气	酒中有老窖泥、陈曲香、炒芝麻焦香、植物花香等令人舒服愉悦的香气	5
嗅觉评分	其他香气	除上述令人愉悦香气外，带有细微或非常明显的泥臭气、油哈气、霉味、糠味等令人厌恶的气味	4~0

续表

类别	打分项目	分数分布	分数
味觉评分	入口绵柔，刺激强弱	绵长甘洌，舌面刺激感时间短暂	10
		对口腔刺激性强，绵甜感一般	9
		醇甜感舒服，刺激性强	8
		对舌面的刺激性减弱，或柔和	7~5
		醇和，入口后仅有酒精带来的刺激感，滋味淡薄	4~3
		舌面有类似于针扎感，持续时间较长	2
		欠纯正、欠甜感、欠舒服	1
		异杂味明显突出	0
	喷香质量	怡人芳香类似于火山喷发散开	5
		喷香质量好，怡人香气舒服，稍欠“喷涌”感	4
		喷香质量一般，怡人香一般	3
		带轻微异杂感	2
		无喷香	1
		异杂味明显突出	0
	浓厚丰满	芬芳饱满，浓郁浑厚，滋味丰富	10
		浓醇饱满，滋味丰富，厚而留长	9
		醇厚丰满，浑成一团	8
		纯正舒服，酒体丰满而浓郁	7
		充足无欠缺	6
		单薄不够厚实	5
		单薄，有涩感，酒体显粗糙	4
		寡淡无味	3
		有异杂味，但不突出	2
		寡淡有杂感	1
		异杂味明显突出	0
	协调圆润	和谐一致，各种成分恰到好处，降度即可饮用	7
		诸味恰到好处，润滑感稍欠不足	6
		酸酯醛成分略欠协调	5
		醇类物质欠协调，有苦感	4
		酒体协调，但显单调，风味物质不富有	3
		欠协调圆润，稍有异杂味	2
		粗糙，有异杂味	1
		异杂味明显突出	0

续表

类别	打分项目	分数分布	分数
味觉评分	回味纯净	口腔内各部位感觉酒液纯净、不杂	5
		各部位干干净净，无残留可言	4
		回味酒香舒服，较干净	3
		除酒香回味外，欠干净，味觉上有不舒服感	2
		酒香、异杂香混在一起	1
		异杂香明显突出	0
	回甜，爽口	回味甘甜，清爽怡人	5
		无甜感，甘爽舒适	4
		清爽，有苦感，不怡人	3
		苦味重，爽口度欠佳	2
		回味干涩，燥人	1
		异杂香突出、明显	0
	细腻，持久	细微润滑，怡口适口，回味有香嗝	8
		余味丝滑，怡人心脾，在口腔中停留时间较长	7
		味感在口腔中持续时间较长，后味较散	6
		余味散、乱，欠细腻，持续时间短	5
		持续时间短，有轻微的不适感，带有不良气息	4
		持续时间短，余味杂，令人不适	3
		持续时间短，余味带有乙醇和外加成分感	2
		持续时间极短，余味带有乙醇感	1
		异杂香明显突出	0
风格评分	个性鲜明	格调高雅，典型，令人难忘	8
		别具一格，格调雅致	7
		风格典型	6
		风格突出	5
		风格突出，欠雅致元素	4
		个性风格一般，为普通原酒	3
		个性一般，有轻微异杂感	2
		有异杂感	1
		异杂感明显突出	0
	醉酒/醒酒快慢	结合理化分析报告和实验判断、打分，根据酸酯协调程度、醛类物质和杂醇油物质含量进行判定	7
总分（100分）			

第五章　品评的方法与技巧

白酒的品评是一系列动作的总和，我们可以用三个动作简单地概括白酒品评的过程，即看、闻、尝。但是，由于各人的习惯等不同，完成这一系列动作的方式也不相同。在整个评酒过程中，都必须集中精力，注意各种感觉及变化，然后描述所获得的感知，并形成评价。在上述过程中，都可以有多种方式来完成每个环节，各人都有自己的方法和技巧。但是，为了客观地对白酒进行感官分析，我们应尽可能地掌握实用科学的品评方法。

第一节　品评基本方法

一、 品评的方法分类

根据品评的目的，提供酒样的数量、品评员人数的多少，可采用明评和暗评的品评方法，也可以采用多种差异品评法的一种。

1. 明评法

明评法又分为明酒明评和暗酒明评。明酒明评是公开酒名，品评员之间明评明议，最后统一意见，打分并写出评语。暗酒明评是不公开酒名，酒样由专人倒入编号的酒杯中，由品评员集体评议，最后统一意见，打分，写出评语，并排出名次顺位。

2. 暗评法

暗评法是酒样密码编号，从倒酒、送酒、评酒一直到统计分数，写综合评语，排出顺位的全过程，分段保密，最后揭晓公布品评的结果。品评员所做出的评酒结论具有权威性，其他人无权更改。

3. 差异品评法

国内外的酒类品评，多采用差异品评法，主要五种，即一杯品评法、两杯品评法、三杯品评法、顺位品评法和五杯分项打分法，在品酒员培训中已有所述。

二、 品评的步骤

白酒的品评主要包括：色泽、香气、口味和风格、酒体、个性六个方面。具体品评步骤如下。

1. 眼观色

白酒色泽的评定是通过人的眼睛来确定的。先把酒样放在评酒桌的白纸上，用眼睛正视和俯视，观察酒样有无色泽和色泽深浅，同时做好记录。在观察透明度，有无悬浮物和沉淀物时，要把酒杯拿起来，然后轻轻摇动，使酒液游动后进行观察。根据观察，对照标准，打分并做出色泽的鉴评结论。

2. 鼻闻香

白酒的香气是通过鼻子判断确定的。当被评酒样上齐后，首先注意酒杯中的酒量多少，把酒杯中多余的酒样倒掉，使同一轮酒样中酒量基本相同之后，才嗅闻其香气。在嗅闻时要注意以下几点。

（1）鼻子和酒杯的距离要一致，一般在 1~3cm。

（2）吸气量不要忽大忽小，吸气不要过猛。

（3）嗅闻时，只能对酒吸气，不要呼气。

在嗅闻时，按 1、2、3、4、5 顺次辨别酒的香气和异香，做好记录。再按反顺次进行嗅闻。综合几次嗅闻的情况，排出质量顺位。在嗅闻时，对香气突出的排列在前，香气小、气味不正的排列在后。初步排出顺位后，嗅闻的重点是对香气相近似的酒样进行再对比，最后确定质量优劣的顺位。

当不同香型混在一起品评时，先分出各编号属于何种香型，然后按香型的顺序依次进行嗅闻。对不能确定香型的酒样，最后综合判定。为确保嗅闻结果的准确性，可采用把酒滴在手心或手背上，靠手的温度使酒挥发来闻其香气，或把酒液倒掉，放置 10~15min 后嗅闻空杯。后一种方法是确定酱香型白酒空杯留香的较好方法。

3. 口尝味

白酒的味是通过味觉确定的。先将盛酒样的酒杯端起，饮入少量酒样于口腔内，品评其味。在品评时要注意以下几点。

（1）每次入口量要保持一致，以 0. 5~2. 0mL 为宜。

（2）酒样布满舌面，仔细辨别其味道。

（3）酒样下咽后，立即张口吸气，闭口呼气，辨别酒的后味。

（4）品评次数不宜过多。一般不超过 3 次，每次品评后茶水漱口，防止味觉疲劳。品评要按闻香的顺序进行，先从香气小的酒样开始，逐个进行品评。在品评时把异杂味大的异香和暴香的酒样放到最后品评，以防味觉刺激过大而影响品评结果。在品评时按酒样多少，一般又分为初评、中评、总评三个阶段。

初评：一轮酒样闻香后，从嗅闻香气小的开始，以入口酒样布满舌面，并能下咽少量酒为宜。酒下咽后，可同时吸入少量空气，并立即闭口，用鼻腔向外呼气，这样可辨别酒的味道。做好记录，排出初评的口味顺位。

中评：重点对初评口味相近似的酒样进行认真品评比较，确定中间酒样口味的顺位。

总评：在中评的基础上，可加大入口量，一方面确定酒的余味，另一方面可对暴香、异香、邪杂味大的酒进行品评，以便从总的品评中排列出本轮次酒的顺位。

4. 综合起来看风格、看酒体、找个性

根据色、香、味品评情况，综合判断出酒的典型风格、特殊风格、酒体状况、是否有个性等。最后根据记忆或记录，对每个酒样打分项扣分和计算总分。

5. 打分、写评语

（1）打分　实际上是扣分，即按品评表上的分项的最后得分，根据酒质的状况，逐项扣分，将扣除后的得分写在分项栏目中，然后根据各分项的得分计算出总分。分项得分代表酒分项的质量状况，总分代表本酒样的整体质量水平。

一般分项扣分的经验是：色泽、透明度这两项很少有扣分，最多的扣 0.5～1 分；香气一般扣 1～2 分，口味扣 2～12 分；风格扣 1 分，酒体扣 1 分，个性扣 1 分；这样最低酒样得分在 80 分以上。打分标准见表 4-1、表 4-2。

一般各类酒的得分范围是：高档名酒得分 96～98 分，高档优质酒得分 92～95 分，一般优质酒得分 90～91 分，中档酒得分 85～89 分，低档酒得分 80～84 分。

（2）写评语　过去传统品酒方法评语是由评委来书写的，改进后的方法是评语由组织评酒的专家成员来书写，其书写的依据如下。

① 各位品评员对酒样的综合评定结果（即得分）。

② 参照本酒样标准中确定的感官指标，对不同酒精度、不同等级的酒有不同的描述。

③ 专家组集体讨论的结论。

（3）书写评语的注意事项

① 评语描述要选用香型、标准中的常用语，并尽量保持一致性。

② 评语中应明确表示出该酒样的质量特点、风格特征及明显缺陷。

③ 评语对企业改进提高酒质有帮助。

第二节　传统品评方法

经 1979 年全国第三届评酒会确立的百分制多杯品评方法，20 多年来，一直是企业、行业主管部门进行评酒活动普遍采用的方法。该法确定了按色、香、味、风格四大项进行综合评定的基础，并合理地分配了各项分值；该法又统一了各香型酒评比用语，较全面地反映产品质量的真实性，对指导生产、引导消费、评选名优产品起到了巨大的推动作用。这一方法在中国白酒评比历史上是功不可没的。

随着社会的发展和科技的进步，传统方法的某些不足之处得到不断改进和提高。形成了现行的传统品评方法。

1. 延续了“五杯分项百分制”的方法

这种方法的特点：

（1）样品的得分值高，容易被社会接受、认可。

（2）样品的给分范围大，容易区别酒的质量差距。

（3）五杯为一轮次，保持了以对照、比较为主差异的品评原则。

（4）适应了传统习惯，容易被新、老品评员接受。

2. 增加了新项目

原传统方法分为色泽、香气、口味、风格四个项目。现行方法又增加了两个项目，即酒体与个性。

酒体是指对本样品色、香、味、风格的综合评价，分完美、丰满两项。如果本样品在色、香、味、风格等几大项中基本无缺陷或缺陷很少，即可视为完美，高档次的或高度名酒都能达到这个程度。丰满主要是针对香气口味而言，一般的高度酒都应具备这一点。

个性是指本样品特有的香气、口味、风格，主要是区别于其他产品或其他产品都不具备。个性也分两项：一是这种个性应突出明显，能被消费者及品评员们认知；二是这种个性应是被消费者、品评员所接受、所喜爱。

3. 改变了各项分值

现行方法的各项分值：色泽 5 分，香气 20 分，口味 60 分，风格 5 分，酒体 5 分，个性 5 分。

4. 去掉了品评写评语

传统的方法有写评语的规定，但因每个人的评语不同，很难统一来表述酒的真实状况，而且每个酒样之间的微小差别也很难用文字来表达准确。故此现行方法中去掉了品评员评语这个项目，目的是使品评员更集中精力去品评，省时、省力。

第三节　白酒品评新方法

白酒品评方法与国外的有所不同，经过多年来的不断摸索、实践、总结，创造出了自身特色和明显的风格，已形成一套比较完备的体系。近几年来，将计算机技术用于品评，使白酒品评方法更系统化、科学化，充分体现出了其快捷、准确、公正的优越性。经科研技术人员及部分名酒厂研究、使用实践证明，计算机的应用是这种改造的主要途径之一。

微机品评，就是品评人员通过客户端机向服务器提交评酒信息，服务器根据品评人员的信息按所设定的评酒标准进行统计，以达到对各类酒的质量进行科学评价的目的。下面介绍酒业协会成功研制的《LCX—白酒品评系统》。

一、 系统概述

LCX—白酒品评方法，可以解释为：“分项扣分五杯品评法”。所谓分项，就是把感官指标分为 6 大母项、20 个子项、72 个小项和 4 个机动项。“扣分”就是质量由高到低排列每个子项中可以从 0 分扣至 2 分，还增加了 4 个机动扣分的其他缺陷项。“五杯法”还是延续“五杯为一轮”的比较法。此方法的最大优势就是采取了计算机与人相结合完成品评过程及统计结果。

将白酒按香型分类成功创造出先进适用的感官品评表。此表在保留原色、香、味、风格四项分类的基础上，又增加了酒体、个性两大项，进一步细化了感官指标。经多次校正，其评分结果与传统品评方法评分结果相近。同时该系统还能对样品进行综合感官评价，并取消了写评语这一项目，将所有品评员对样品进行的综合感官评价，真实地反馈给生产企业。这对整体产品质量提高、产品改进和生产工艺优化都有重要的意义。

同时系统设置了评委的品评能力测试。通过对评委的品评分数，计算出评分的准确率。同时也可以考核评委对浓度差、质量差和质量等级的判断能力及香型识别能力。

二、系统功能简述

针对品评过程的需要设计了前期处理部分、录入部分、评分过程部分、高级用户使用4个部分。

1. 前期处理

即前期准备工作。包括参评酒登记、评委登记，数据库的生成和自动检索、分类及品评员和酒样编码的生成等。

编码分4部分，内容由11位数字组成，分别为轮次杯号、香型、酒精度和随机码，如01101052088。11位数字中第1、2位代表轮次，第3位代表杯号，第4至6位代表香型，第7、8位代表酒精度，第9~11位为随机码。

香型的代码为三位，各香型的代码分别是：010酱香型、020浓香型、030清香型、040米香型、050凤香型、060芝麻香型、070特香型、080豉香型、090浓酱兼香型、100董型、110其他香型。香型代码中的第三位是表示香型中新发展出来的一些流派，如清香大曲传统工艺为031，清香非大曲传统工艺为032。

例，上面所举例的01101052088，即为第一轮第一杯酱香型52度随机码为088的酒样。作为公开的信息提供编码，既能清晰地表述一个酒样基本情况，又能通过随机码的随机生成特性提高保密性。

2. 录入

品评表的录入方式采用了光标阅读机录入的方法。光标阅读机具有处理速度快、运行稳定等特点，被广泛运用在各类标准化考试考核中，本系统采用了光标阅读录入的方式，实现了标准化评酒。

通过光标阅读机的录入，数据以扫描识别的方式直接进入计算机，提高了录入的速度，避免了人为因素的干扰，可最大限度保证准确性和可靠性。

3. 评分

系统可根据已经设置的信息和分数的数据库进行评分，并实现多个数据库同时进行评分，大大提高了工作效率。

系统可自动识别并计算出品评成绩、评委的准确率及香型和排序能力的测试结果。第一轮评酒后，立即公布本轮评定结果，并公布评委准确度，便于评委及时修正自己的错判。创建了每个样品评比结果反馈表，表中清楚地统计着该样品每项感官指标评委的认可程度，企业很容易看出自己产品的优缺点。

4. 高级用户使用

高级用户为品评系统的管理者，具有对品评系统的控制和监察权限。高级用户通过输入密码进行登录，为保密高级用户还可对密码进行修改，且退出时要撤销登录。

没有高级用户的授权，是无法打开编码库和评分登记库的，即使是坐在计算机面前评酒，也看不到评的是哪个酒、结果是什么。高级用户的引入提高了系统的保密性和客观公正性。

三、品评表的使用

系统对应现有的白酒各香型采用标准化的方式，分别设置了符合各香型特点的品评表。评酒时，评委根据酒样的编码中所告知的酒样香型选择与其相对应的品评表。

品评表分检索信息和评酒信息两部分。检索信息即轮次和评委编号组成的识别部分。评酒信息是由色、香、味、风格、酒体、个性 6 大母项、20 子项、72 个小项和 4 个机动项所组成的 76 个填涂项。

1. 编号的填涂

评委应根据评酒开始前告知的信息，清晰地填涂好轮次编号、评委本人编号。

2. 必选项的填涂

评委根据样品状况，依次在 1~20 这个 20 个子项中包含的若干小项中选择 1 项填涂。

3. 机动项填涂

20 个子项是必填项，即必须在这 20 个子项包括的若干小项中选择 1 项，另外还有 4 个机动项（21、22、23、24）可选也可不选。

4. 填涂范围

此表评酒部分最多可填涂 24 项，最少可填涂 20 项（1~20 子项），超出或少于这两个范围视为无效评定。

5. 白酒品评记录卡的使用

白酒品评记录卡是与品评表相对应的，评委在填涂品评表的同时在记录卡的对应位置上标注所选子项中的代号，如 1、2 等。这样评委既对自己的品评有了一个记录，又能通过记录卡与品评表的填涂对比，避免错涂、漏涂项的发生。

6. 白酒感官品评反馈表说明

反馈表是将所有评委根据对酒样的品评结果，在品评表中选项情况的集中反映。通过对每一子项中各评委在小项中的选项分布情况的集合，来反映酒样的总体情况，也给企业对产品质量的进一步改进提供了有力的依据。

四、 新方法使用注意事项

（1）组织品评部门须事先对样品进行详细登记，包括香型、酒精度、价格、标准等，对评委进行编号分组。

（2）评委以酒论酒，只考虑样品感官指标与品评表的对应性，只考虑五杯酒的排序，并按其排序先后在选项上有所差别。

（3）注意填涂的对应性，不应错位、错行。

（4）涂完表后要对照记录卡进行检查，不得有漏项及缺项。

（5）涂表有错，应用橡皮轻轻擦改，表不要折损。

（6）涂表前一定先涂上轮次号及本人评委号。

（7）涂表前一定认真仔细了解公布的酒的编号，理解其含义。

作为新的白酒品评法，LCX—白酒品评系统经过几年来的实际应用，得到了我国白酒同仁的广泛认可，对这种方法的评价是人机结合，快速、准确、公正、科学的先进品评方法。

总之，把计算机技术引入中国白酒的品评，并对品评员培训考核进行科学化、系统化的管理，对提高我国白酒品评的整体素质和水平及推动我国白酒感官品评技术的进步有着重大的意义。LCX—白酒品评系统的应用成功，说明了此项技术经过几年来不断的探讨和研究，已经日趋成熟，进入了实用化的阶段。

第四节　白酒品评的技巧

白酒的品评是一种技巧。所谓技巧，就是经过刻苦的学习和训练，练就成熟的一种技能，俗话说："熟能生巧"。到了巧的地步，就说明基本功已经升华，发生了质的变化。这些质的变化使品评上升到技术加技巧的高度。

一、品评技巧的学习

（1）学习理论知识　学习探讨白酒中各种香味成分的生成机理即有机化学基础理论和知识，学习并探索微生物代谢产物与香味成分的关系，即微生物学和生物化学的基础理论知识。同时，还要学习计算机的基础理论知识，掌握计算机的操作程序。

（2）学习酿酒技术理论知识　学习酿酒工艺学，搞清工艺条件与香味成分生成的关系。学习传统工艺积累的经验，掌握外界因素变化对传统工艺的影响。

（3）懂得工艺管理　掌握工艺管理与提高白酒质量的关系。

（4）熟悉各种香型白酒的香味特征　能识别出不同香型的酒，说出各香型酒的香味成分特征。

（5）掌握勾调技术，经常参加勾调实践。

（6）严格进行基本功的训练　只有具备了各种相关的知识和扎实的基本功，才能有较高的品评技巧，才能更好地完成品评任务。

二、品酒技巧的掌握

品评技巧主要表现在快速、准确上。做到快速、准确的技巧如下。

1. 总的顺序

首先看色，然后闻香，再尝味，最后记录。

2. 闻香操作程序

先从编号 1、2、3、4、5，再从编号 5、4、3、2、1，如此顺序反复几次。每次要适当休息，使疲劳得以恢复。

3. 选择重点

先选出最好与最差的，然后将不相上下的做反复比较，边闻香边做记录，不断改正。待闻香全部结束后，稍事休息开始品味。

4. 品评的程序及要点

在品评时，先从香气淡的开始，按闻香好坏排队，由淡而浓要经几次反复，暴香与异香都留到最后品评，防止口腔受到干扰。每次要做好记录，并不断纠正。最后加大入口量，检查回味，反复 3~4 次即可定局。

5. 嗅闻空杯，加以印证

将酒液倒出，空杯放置一到两分钟，再嗅闻，体会原料带来的粮香、发酵的焙烤香、贮存的陈香。好酒空杯留得持久，酒液倾出后仍保持原有的风味特点。

6. 尊重初评结果

如果后来评得混乱，不应轻易否定初评结果，绝不能乱改，常常开始对了，后来反而改错了，这在品评中是经常发生的。所以最终评定结果以初评阶段的记录为准，是十分重要的经验技巧。

7. 做记录

认真做好每次品评的记录，写出心得，找出不足，并勤翻看，加深对某种产品的记忆。

第六章 白酒品评要点及感官评语

我们知道，白酒品评是利用感官去了解、确定白酒的感官特性及其优缺点，并最终评价其质量的科学方法，即利用视觉、嗅觉和味觉对白酒进行观察、分析、描述。要对白酒进行科学的评价，就必须用准确、清楚的词汇进行表述。因此，我们必须掌握描述白酒相应感官特性的品评词汇。

第一节 白酒品评描述语

一、 外观术语

（1）正色（色正） 符合该种酒的正常色调即为正色，例如我国白酒一般呈现无色，少数（如酱香型）呈现微黄色，无色或微黄色都是白酒的正色。

（2）色不正 不符合该酒的正常色调，如因盛酒器之故呈浅蓝色，呈棕色都称之为色不正。

（3）光泽 在正常光线下有光亮。

（4）色暗或失光 酒色发暗失去光泽。

（5）略失光 光泽不强或光泽不够。

（6）透明 光线从酒体透过，酒液明亮。

（7）晶亮 如水晶一般高度透明。

（8）清凉 酒体中看不出细小微粒。

（9）不透明 酒液乌暗，光线不能通过。

（10）浑浊 优质的酒具有澄清透明的液相，若浑浊则是重大质量问题，因此，浑浊同样是评酒的感官指标所不允许的。

（11）沉淀 酒液中的沉淀多见于瓶底附着的物质，多是由于原来的可溶性物质在某种情况下从酒液中离析出来，结成微粒，最后沉于底部。

二、 香气（ 气味 ）术语

白酒的香气（气味）十分复杂，不仅各类白酒有不同的香气，同一种类白酒的香气也是千变万化，哪怕在同一瓶酒中，也是由多种香气的组合而成的。所以在品评时，一部分评语是形容表达酒香的程度，另一部分则是表达各种不同白酒香气的特点。

1. 表示香气程度的术语

无香气：香气不能嗅出。

似有香气：香气低弱，在若有若无之间。

微有香气：有微弱的香气。

香气不足（芳香不够）：达不到该酒正常应有的香气。

清雅：香气不浓不淡，令人愉快。

细腻：香气纯净而细致、柔和。

纯正：纯净而无杂气味。

浓郁：香气浓厚馥郁。

放香：香气从酒中徐徐放出，有时也表达酒的嗅香。

喷香：香气扑鼻。

入口香：酒液入口后散发出来的香。

余香：饮酒后余留在口中的香，闭嘴呼气，气流从鼻腔所感到的香。

回香：饮酒后打嗝所能感受到的返回香气。

悠长：绵长、脉脉、绵绵都是形容香气持久不息，常用于表示酒的余香和回香。

协调：酒中有多种香气，彼此和谐一致。

完满：香气协调，无欠缺之感。

浮香：香气虽然浓郁但短缺，使人感到香气不是自然发酵生成的，有外加（调入）的感觉。

芳香：香气悦人，如鲜花、水果发出的香气。

陈香：也称为老陈酒香，是酒老熟的香气，长期贮存下慢慢氧化、酯化形成香气。

固有的香气：就是长期以来保持的香气。

异香：一种是指同类酒中所不具备的，为某一种独特并形成为该酒的独特风格的香气，另一种是指酒中不常出现的香气，应视为不正常的香气。

焦香：似有轻微的令人愉快的焦煳味道。

香韵：香气与同类酒大体相同，但细辨又使人感到独特的风格韵味。

异气：有异常的使人不愉快的气味。

刺激性气味：有刺鼻、熏眼和辛辣的感觉。

臭气：如焦煳气、腐胀气、木料气、霉气、橡胶、塑料臭气等。

2. 品评白酒香气的常用术语

醇香：一般白酒的正常香气。

曲香：由于酿造白酒用的曲形成的特殊香气。

粮香：酿酒所用的粮谷在续糟混蒸中粮谷蒸熟时，带入酒中的特殊香气。

糟香：不是一般的“酒糟香”，而是带有清香、纯正气味的特殊“糟香味”。

果香：指某些白酒中有水果的香。

酱香：指茅台酒固有的香气，也称茅香。

清香：指清香型白酒的香气，清秀而细腻的香。由于情况不同，还可分为“清香纯正”“香气悠久”“清香较短”。

浓香：指浓香型的白酒的香气，浓郁而芬芳，浓香也称芳香。故品评时也有“芳香怡人”“窖香浓郁”“酒香较短”。

焦香：此香的形成与酒窖有密切关系，感觉上应为窖泥特殊的香而不是窖泥气味。

馊香：馊酸气，清爽。

芝麻香：白酒的一种特有的香气，似炒芝麻香。

香不正：香不纯，有醛臭，油哈味，杂醇油气味，或该种酒不应该出来的气味。

酒香浓郁：具有完整的陈年老酒的香气。

成熟酒香：经过一段时间贮存，也具有一定的陈年香气。

新生酒气：新发酵，未经贮存的新酒气味。

酒香不足：酒香很淡，微弱。

三、 味的术语

味的术语是表现口味的术语，酒入口后，味感是极其复杂的，由于白酒分类不同，要求也有区别，因此同一种术语对不同酒的实际口感经常是相差很大的。

1. 味的品评术语

酒精的口感：酒类都含酒精，没有酒精成分就不能称为酒，所以酒一入口，都有酒的刺激性感觉（也称为劲头），酒精的口感与酒精度有密切的关系，但并不完全与酒精度呈正比关系，比如一系列品种都是 60%（体积分数）的烈性酒，但是一入口中即能品评出口感有强烈、温和、绵软的区别。

浓淡：酒液入口后的感觉，一般有浓厚（浓而醇厚）、淡薄、清爽、平淡等评语。

醇和：入口和顺，不感觉到强烈的刺激。

醇厚：醇和而味长，能感觉到酒体有一定的厚实感。

香醇甜净：这是酒类特别是白酒的最好口味表现，酒一入口，上述四种感受皆具备。

绵软：刺激性极低，口感柔和，圆润。

清洌：口感纯净、爽洌、爽适。

粗糙：口感糙烈、有灼烧感。

粗暴：酒性热而凶烈。

上头：是进入口腔时的感觉，品评时，以自己的感受给予评语，如入口醇正，入口绵甜，入口浓郁，入口甘美，入口圆润，或入口冲，上头感强烈等。

落口：是咽下酒液时，舌根、软腭、喉头等部位的感受，如落口甜、落口单薄、落口微苦，落口稍涩，尾净等。

后味：饮酒后，口中余留的味感，如余味绵长、余味雅静或后味苦等感受。

回味：饮完酒，稍间歇后返回的味感，如打嗝后的回味感，是香气与口味的复合感，术语有“有回味”“回味悠长”“回味醇厚”等。

2. 各种味的术语

甜味：品评时感受到的类似糖一样的味道。

无甜味：没有甜的味感。

微甜味：微有甜味的感觉。

回甜：回味时有甜的感觉。

以下甜味不能以糖的甜味意会：

甜净：味甜而纯净，甜味散后无余杂感。

甜绵（绵甜）：甜味徐徐、软柔。

醇甜：酒液醇和而有甜润感。

甘洌：甜润而爽净，甘和有愉快感、流动感、舒适感。

甘润：舒适而润滑的甜。

甘爽：舒适而愉快的甜。

调和：酸和其他的成分比例适宜，有酸味但是不出头。

微酸：能感觉到酸味但不明显。

有酸味：比微酸的感觉重。

酸重：酸味突出，以致在品评时压住了其他的味觉。

苦味：味苦在酒类中并不都是劣味，有苦味是正常味，瞬间的苦味，使人有清怡爽快之感，苦味的用语有：无苦味、微苦、有苦味、进口苦、落口微苦、后苦、味苦涩、苦涩等。

涩味：有涩味的酒使人的口腔中有收敛的感觉，令人不愉快。涩味与其他的味若配合得当，会增强白酒的厚实感，但若露头就变成了劣酒。

诸味协调：是指酒中的各种口感互相配合，恰到好处，酒味全面，给人一种浑然一体的愉快感觉，会感到酒质丰满、酒体柔美的快感。

邪味、杂味：在酒中出现该酒不应该出现的味感，掩盖了正常的味感称之为邪味、杂味、异味。有油臭、油腻味、油躁味、麻辣味、生糠味、杂味等。

四、风格术语

（1）风格是指酒的色、香、味的综合感官印象。

（2）白酒是一种嗜好品，不完全同于一般食品，它们有共性，但就每一种具体酒来说，它又具有独特之处。其色、香、味的形成，并非风味能表达明白的，酒的风格可以表示酒的色、香、味，包括酒液入口后的滋味、刺激性和产生的气味的全面品质，酒的风格品种因品质不同而不同，若某种酒的风格为广大群众所喜好，就应该定型而长期稳定不变，形成固定风格，名酒之所以名贵是贵在质量上，贵在风格上。一款酒的风格对该酒在消费者中的声誉有很大的关系，因而品评时风格也是重要的指标。

品评时，必须熟悉该酒的风格，然后用“突出”“显著”“明显”“不明显”“风格一般”等评语来阐明。

（3）酒体是与酒的风格有关的一个品评项目，但是又不等于风格，酒的香味成分溶解在酒精的水溶液里，构成酒的挥发物和固形物，酒精、水、挥发物、固形物融合在一起，构成一个整体，称为酒。可以说，酒体是酒的化学成分的反映，是酒的颜色、香气、口味各个方面的表现，名酒和优质酒都要要求各种物质成分有一个平衡，也就是色香味成分的协调。所以酒体在很大程度上影响着酒的风格。

五、“风味轮”评价方法

白酒现有的“标准”评语属于一种“固定”的模糊用语，传统的评价词如清、爽、绵、甜、净等，即使加上“较、更”等副词，对于酒样间细微的差别难以清晰表述，只有当事人意会而难以言传的描述，其感官描述也很难被大众所理解。即使专业的品酒员也需要经过长期的训练与认识后才能对白酒的描述得到真正的理解。而不同品酒员对同一酒样的感官描述可能不同，很难形成统一的标准。

如何准确评价各品牌白酒的风味特征，将专家客观科学的描述与消费者主观的“好喝”定义结合，是白酒感官品评领域亟待解决的关键问题。基于传统评价方法的有限改进未认识到其方法的根本缺陷，需要从评价方式上革新白酒评价理念。品评员对某种酒感官评价前，需要利用香气标准来训练筛选，评价时从“风味轮”（图 6-1）中选择合适词汇描述酒样中的丰富风味感受（如苹果香、高粱香等），并评价相应的感受强度。建立白酒客观定量的评价方法，要有完善的参考评价标准，为普通大众、国际社会所理解和认可。

当我们闻到一种气味时，只能将它与脑中储藏的一些气味进行比较，然后用相应词汇进行描述，如苹果味、类似苹果味等。白酒的气味极为复杂、多样，而且有的气味还无法鉴定。但是，我们可以将这些气味分为动物、香脂、烧焦、化学、香料、花香、果香、植物与矿物等类别。人们可以用自然来源描述所闻到的气味，如玫瑰、苹果、梨等，也可用纯粹的化学物质来描述所闻到的气味，如乙酸乙酯、二氧化硫等。但实际上，我们常常用第一种方式来描述所闻到的气味。

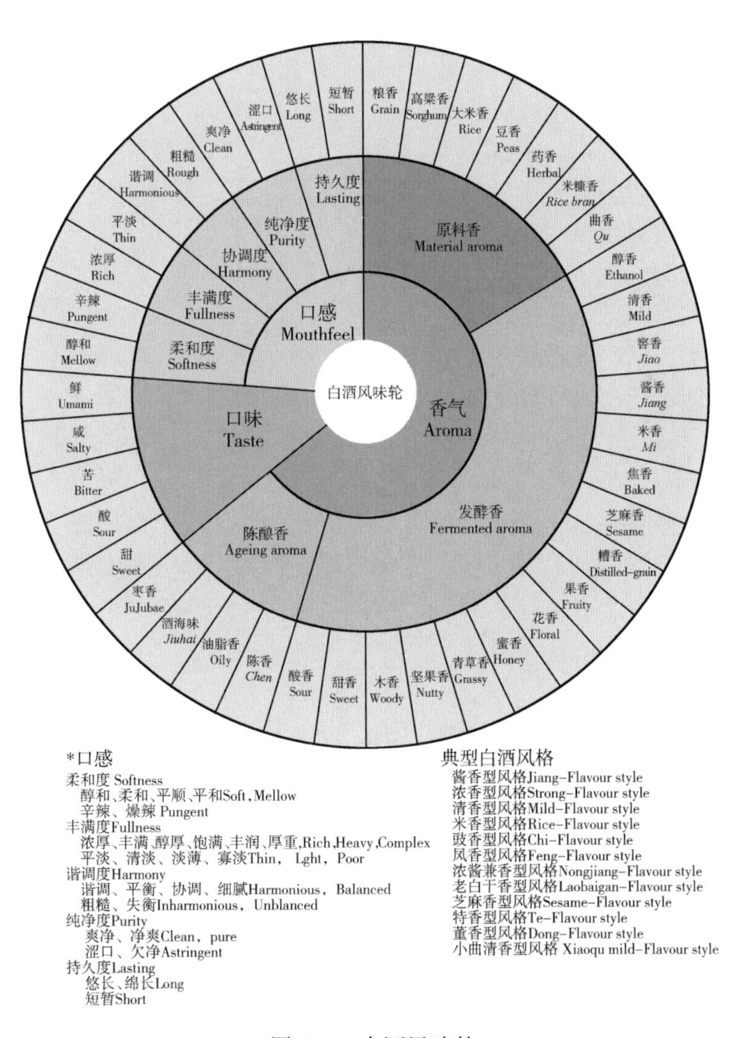

图 6-1　白酒风味轮

第二节　各香型白酒的品评要点

一、 浓香型白酒的品评要点

浓香型白酒具有以己酸乙酯为主体的谐调的复合香气，窖香浓郁，绵甜醇厚，香味谐调，尾净味长。目前存在着两种流派，一种是以泸州老窖特曲、五粮液和剑南春为代表的川派，突出浓郁、醇厚，香气中带陈味；另一种是以古井贡酒、洋河大曲、今世缘为代表的江淮派，突出以己酸乙酯为主体的复合香气，口味纯正，以醇甜爽净著称。两种流派仅以风格不同而区分，都是我国浓香型白酒的优秀代表。

二、 清香型白酒的品评要点

清香型白酒具有以乙酸乙酯为主体的谐调的复合香气，清香纯正、清雅，香气持久；入口刺激感稍强，醇甜，干净，爽口，自始至终都体现了干爽的感觉，无其他异杂味。

三、 酱香型白酒的品评要点

酱香型白酒的酱香突出，香气芬芳，幽雅，非常持久、稳定；空杯留香能长时间保持原有的香气特征；入口醇甜，口味细腻、绵柔、醇厚，无刺激感，回味悠长，香气和口味持久时间长，落口爽净。

四、 米香型白酒的品评要点

米香型白酒突出以乙酸乙酯和β-苯乙醇为主体的淡雅的蜜甜香气，口味浓厚程度较小，香味持久时间不长，入口醇甜、甘爽、绵柔，回味怡畅。

五、 凤香型白酒的品评要点

凤香型白酒的醇香突出、秀雅，具有以乙酸乙酯为主、己酸乙酯为辅的较弱的酯类复合香气，总体介于浓香和清香之间，酒体浑厚、挺烈，有一种甘爽的感觉，并带有酒海贮存的特殊口味。

六、 特香型白酒的品评要点

特香型白酒闻香以酯类的复合香气为主，突出以乙酸乙酯和己酸乙酯为主体的香气特征，入口放香带有似庚酸乙酯的气味，细闻有轻微的焦煳香气，香气谐调、舒适；口味柔和而持久，甜味明显，稍有糟味。

七、 芝麻香型白酒的品评要点

芝麻香型白酒闻香有以乙酸乙酯为主要酯类的淡雅香气，焦香突出，入口放香以焦香和煳香气味为主，香气中带有似“炒芝麻”的香气，芳香馥郁，幽雅细腻；口味绵软，醇厚，丰满，甘爽，香味谐调，后味稍有微苦。

八、豉香型白酒的品评要点

豉香型白酒的豉香突出，有以乙酸乙酯和β-苯乙醇为主体的清雅香气，并带有醇香；口味柔和，香味持久时间长，余味净爽。

九、董香型白酒的品评要点

董香型白酒闻香有较浓郁的酯类香气，药香突出、舒适、谐调，香气丰满，典雅，口味醇甜、浓厚、绵柔、味长，香味谐调，余味爽净，回味悠长。

十、兼香型白酒的品评要点

兼香型白酒总体介于浓香和酱香之间，浓酱相兼，酱浓谐调。兼香型白酒有两种风格类型，一种是以白云边酒为代表的酱中带浓型，另一种是以玉泉酒为代表的浓中带酱型。

酱中带浓型闻香以酱香为主，并带有浓香，酱浓谐调，入口后浓香较明显，口味细腻，香味持久，后味较长，回甜爽净。

浓中带酱型闻香以浓香为主，并带有酱香，浓酱谐调，入口甘爽，口味绵甜、柔顺、细腻，后味带有酱香气味。

十一、老白干香型白酒的品评要点

老白干白酒具有以酯香和醇香为主的复合香，香气清雅、纯正而不失丰满，似介于清香和浓香之间，口味醇厚、柔顺、甘爽，香味谐调，回味悠长。既有清香型的清、爽、净，又有浓香型的浓、绵、长。

十二、馥郁型白酒的品评要点

闻香浓中带酱，且有舒适的芳香，诸香协调；入口有绵甜感、柔和细腻；余味长且净爽。

第三节　各香型白酒的感官评语

一、浓香型白酒

窖香浓郁，绵甜爽洌，香味谐调，尾净味长。

二、清香型白酒

清香纯正，醇甜柔和，自然谐调，余味爽净。

三、酱香型白酒

酱香突出，幽雅细腻，酒体醇厚，回味悠长，空杯留香持久。

四、米香型白酒

蜜香清雅，入口绵柔，落口爽净，回味怡畅。

五、凤香型白酒

醇香秀雅，甘润挺爽，诸味谐调，尾净悠长。

六、特香型白酒

酒香芬芳、酒体柔和、诸味谐调、香味悠长

七、芝麻香型白酒

幽雅纯正，绵柔丰满，醇厚甘爽，香味谐调，余味悠长。

八、豉香型白酒

豉香纯正，醇和甘润，酒体谐调，余味爽净。

九、董香型白酒

香气幽雅，药香舒适，醇甜味浓，香味谐调，余味爽净。

十、兼香型白酒

浓酱谐调，细腻柔顺，醇厚丰满，香味谐调，余味爽净。

十一、老白干香型白酒

醇香清雅，甘洌挺拔，丰满柔顺，香味谐调，回味悠长。

十二、馥郁香型白酒

色清透明、诸香馥郁、入口绵甜、醇厚丰满、香味协调、回味悠长。

第四节　主要香型（清、浓、酱）基酒质量鉴别

一、新酒的分级、感官鉴评及品评要点

（一）清香型新酒、陈酒感官品评

1. 新酒分级

清香型新产酒按酒质感官特征分为四个级别，即优级、一级、二级、等外酒。优级酒得分 90 分以上，一级酒得分 85~89 分，二级酒得分 80~84 分，等外酒得分 80 分以下。

2. 感官鉴别

（1）优级酒香　清香纯正；味：醇厚、爽净、协调、回味长。

（2）一级酒香　清香较纯正；味：入口微甜微淡、酒体协调、较醇厚、回味较长。

（3）二级酒香　清香正；味：酒体较醇厚、微苦稍辣、回味一般。

（4）等外酒香　异香、严重杂香；味：严重霉味、腻味、铁锈味或其他邪杂味。

3. 清香型陈酒的感官品评标准

（1）3~5 年汾酒感官品评

① 香气：清香纯正、具有乙酸乙酯为主体的清雅谐调的复合香气。

② 口味：口感醇和、绵柔爽净、酒体较协调、余味长。

③ 风格：具有清香型酒的典型风格。

（2）10 年陈酿汾酒感官品评

① 香气：清香纯正、具有乙酸乙酯为主体的清雅谐调的复合香气、带较浓陈酒香。

② 口味：口感醇和、绵柔爽净、酒体协调、回味长。

③ 风格：具有清香型酒的典型风格。

（3）15 年陈酿汾酒感官品评

① 香气：清香纯正、具有乙酸乙酯为主体的清雅谐调的复合香气、带有很突出陈酒香。

② 口味：绵甜醇厚、香味协调、酒体爽净、回味悠长。

③ 风格：具有清香型酒的典型风格。

4. 清香型新酒、陈酒品评应掌握的要点

（1）新酒

① 首先具有乙酸乙酯为主体的复合香气，且有明显粮食、大曲（豌豆）的香气，再根据香气的纯正程度，进行等级判断。

② 口感要求达到甜度较好，醇厚、酒体较协调、回味长。

③ 发酵不正常，操作不规范时酒将出现香气淡、带酸、寡淡，特别是有邪杂味、焦杂味、糠杂味、辅料味等现象，这样的酒判为不合格品；有的酒中乙酸乙酯与乳酸乙酯比例失调，酒质放香差，口感欠协调，也可判为不合格品。

（2）陈酒　清香型白酒经过一定时间的贮存，酒质具有了陈香感，随时间的延长，酒的陈香逐渐突出，且清雅协调，其他杂味、刺激感明显降低，口味达到绵柔丰满协调的程度。鉴别清香型陈酒应掌握以下几点。

① 自然突出、清雅谐调的陈酒香气。

② 香味协调的陈酒味。

③ 酒体绵柔、口甜爽净、余味悠长。

（二）单粮型浓香型新酒

1. 单粮型浓香型新酒的分类及品评标准

浓香型白酒一般分为单粮型和多粮型，因生产中所用原料品种及比例不同，造成同是浓香型白酒，其风格也各有差异，所以酒界对浓香型酒有“川派”和“江淮派”（皖、苏、鲁、豫）之分。在四川主要是以泸州老窖为代表，江淮一带以古井贡酒为代表。但是在新酒入库分类上各厂又有所不同，单粮浓香型酒一般分为四类：特级、优级、甲级、乙级。对各等级单粮型浓香新酒的感官品评标准如表 6-1 所示。

表 6-1　各等级单粮型浓香新酒的感官品评标准

等级	感官	己酸乙酯
特级	窖香、甜、净、爽、风格特别突出	≥8. 00g/L
优级	窖香、香、甜、净、爽等某一特点较突出	≥5. 00g/L
甲级	窖香突出，香气正，味净的特点，具有本品固有的风格特点	≥1. 70g/L
乙级	窖香较好，口味纯净，无异杂味	—

2. 单粮浓香型陈酒的感官品评标准

（1）三年陈酒　无色（或微黄）清澈透明，陈香，窖香突出，入口柔和，绵、净、回味长。

（2）五年陈酒　无色（或微黄）透明，陈香幽雅，味醇厚柔和，落口爽净谐调，回味悠长。

（3）十年陈酒　无色（或微黄）透明，陈香幽雅，味醇厚柔和，落口爽净谐调，回味悠长。

3. 单粮浓香型新酒、陈酒品评应掌握的要点

（1）新酒　单粮浓香型新酒具有粮香、窖香，并有糟香，有辛辣刺激感。合格的新酒窖香和糟香要谐调，其中主体窖香突出，口味微甜，爽净谐调。但发酵不正常的新酒会出现苦味、涩味、糠味、霉味、腥味、煳味及硫化物臭、黄水味、稍子味等异杂味。

（2）陈酒　单粮型浓香型白酒经过一定时间的贮存，香气具有了浓香型白酒固有的窖香浓郁感，刺激感和辛辣感会明显降低，口味变得醇和、柔顺，风格得以改善。经长时间的贮存，逐渐呈现出陈香，口感呈现出醇厚绵软、回味悠长，香与味更谐调。品评陈酒时，陈香、入口绵软是体现白酒贮存老熟后的重要标志。

（三）多粮型浓香型新酒

1. 多粮型浓香型新酒的分类及品评标准

多粮浓香型主要以五粮液、剑南春为代表。在新酒入库分类上各厂也有所不同，多粮浓香型酒一般分为优级、甲级、乙级和普通酒。当采用双轮底特殊工艺酿造发酵蒸馏出来的酒称为调味酒，该类酒一般都为特级。对各级多粮浓香型新酒的感官品评标准如表 6-2。

表 6-2　各级多粮浓香型新酒的感官品评标准

等级	感官	己酸乙酯
特级	窖香浓郁，浓、甜、厚、净、爽，余香和回味悠长、风格典型、个性特别突出	≥6. 0g/L
优级	窖香浓郁，甜厚、净、爽，余香和回味悠长，风格特征突出	≥4. 0g/L
甲级	窖香浓郁，甜、浓、净，风格特征明显	3. 0g/L
乙级	窖香较浓，尾味较净，无明显异杂味	1. 5g/L
普通酒	窖香较浓，尾味较净，无明显异杂味	—

2. 多粮浓香型陈酒的感官品评标准

（1）三年陈酒　无色（或微黄）透明，窖香浓郁，陈香明显。柔和、绵甜、尾味净爽、余香和回味悠长。

（2）五年陈酒　无色（或微黄）透明，窖香浓郁，陈香幽雅，醇厚丰满、绵柔甘洌，落口爽净，余香和回味悠长，窖香和陈香的复合香气协调优美。

（3）十年陈酒　无色（或微黄）透明，窖香浓郁，陈香突出，幽雅细腻，醇厚绵柔，甘洌净爽，余香和回味悠长，酒体丰满，具有优美协调的复合陈香。

3. 多粮浓香型新酒、陈酒品评应掌握的要点

（1）新酒　多粮浓香型新酒具有复合多粮香、纯正浓郁的窖香，并有糟香，有辛辣刺激感并类似焦香的新酒气味。合格的新酒多粮复合的窖香和糟香比较协调，主体窖香突出，口味微甜净爽。但发酵不正常和辅料未蒸透的新酒会出现醛味、焦苦味、涩味、糠味、霉味、腥味、煳味及硫化物臭味、黄水味、稍水味等异杂味。

（2）陈酒　多粮浓香型白酒经过一定时间的贮存，香气具有多粮浓香型白酒复合的窖香浓郁优美之感，刺激性和辛辣感不明显，口味变得醇甜、柔和，风格突出。经长时间的贮存，酒液中就会自然产生一种使人感到心旷神怡、幽雅细腻、柔和愉快的特殊陈香风味特征，逐渐呈现出幽雅的特殊陈香，口感呈现醇厚绵柔、余香和回味悠长，香味更谐调，酒体更丰满。品评陈酒时，幽雅细腻的陈香明显，品味绵柔，甘洌、自然舒适是体现多粮浓香型白酒贮存老熟后的重要标志。

（四）酱香型新酒与陈酒的感官品评

大曲酱香型酒因其工艺复杂，发酵轮次多，故新酒的类别不但多而且差异较大，又因贮存是酱香型的重要再加工工艺，所以陈酒与新酒相比变化之大，也是其他香型酒不可比拟的，茅台酒与郎酒是我国大曲酱香酒的代表，这两个酒的新酒、陈酒感官品评大致如下。

1. 酱香型新酒的分类

（1）按发酵轮次分　可分为1~8轮次酒。

（2）按酒的风味分　可分为酱香酒、醇甜酒、窖底香酒三类。

2. 各轮次新酒的感官品评

（1）一轮酒　香气大，具有乙酸乙酯与乙酸异戊酯的混合香味。

（2）二轮酒　清香带甜，后味带酸。

（3）三轮酒　入口香大，具有酱香，后味带涩，酒体较丰满。

（4）四轮酒　香味较全面，具有酱香，后味甜香，酒体丰满。

（5）五轮酒　酱香浓厚，后味带涩，微苦，酒体丰满。

（6）六轮酒　煳香，微有焦煳味，稍带涩味，味长。

（7）七轮酒　煳香，稍有糟香味，微苦。

（8）八轮酒　香一般，带霉糠等杂味。

3. 各风味酒的感官品评

（1）酱香酒　酱香突出，微带曲香，风格好。

（2）醇甜酒　具有浓厚香气，略带酱香，入口绵甜。

（3）窖底香酒　窖香浓郁，并带有明显的酱香。

4. 酱香型陈酒的感官品评

（1）三年陈酒　微黄透明，酱香较突出，诸味较谐调，酒体较丰满，后味长。

（2）五年陈酒　微黄透明，酱香突出，诸味谐调，酒体丰满后味悠长。

（3）十年陈酒　黄色重，酒液透明，挂杯，酱香突出，口味细腻、柔顺、后味悠长。

5. 酱香型新酒陈酒感官品评的注意事项

（1）酱香一轮酒香气大带清香味，产酒少，酒度低。

（2）酱香型二轮酒，以清香为主，总酯高，酸味大。

（3）酱香三至五轮酒，产量高，质量好，香味成分全面适中。

（4）六轮酒，质量明显下降，风味以煳香为主。

（5）七轮、八轮酒，产量低，糟味，杂味大，一般作为次酒及回酒用。

品评酱香型酒贮存期长短的主要办法：一是看色泽，一般黄色重者贮存期长；二是闻空杯香，香大、香长者，一般贮存期长；三是观看酒液挂杯状况，一般酒液黏稠有挂杯现象者贮存期较长。

二、新酒贮存感官变化的了解

以下对三种不同香型新酒贮存变化进行了感官鉴定，如表 6-3、表 6-4、表 6-5 所示。

表 6-3　浓香型新酒的贮存变化

贮存期/月	浓香型酒贮存中的感官评语
0	浓香稍冲，有新酒气味，糙辣微涩，后味短
1	闻香较小，口味甜净，糙辣微涩，后味短
2	闻香较小，口味甜净，后味短
3	浓香，进口醇和，糙辣味甜，后味带苦涩
4	浓香，入口甜，有辣味，稍苦涩，后味短
5	浓香，味绵甜，稍有辣味，稍苦涩，后味短
6	浓香，味绵甜，微苦涩，后味短，欠爽，有回味
7	浓香，味绵甜，微苦涩，后味欠爽，有回味
8	浓香，味绵甜，回味较长，稍有刺舌感
9	芳香浓郁，绵甜较醇厚，回味较长，后味较爽净
10	芳香浓郁，绵甜较醇厚，回味较长，后味爽净
11	芳香浓郁，绵甜醇厚，喷香爽净，酒体较丰满，有老酒风味

表 6-4　酱香型新酒的贮存变化

贮存期/月	酱香型酒贮存中的感官评语
0	闻有酱香，醇和味甜，有焦味，后味稍苦涩
1	微呈酱香，醇和味甜，有糙辣感，后味稍苦涩
2	微有酱香，醇和味甜，带新酒味，后味稍苦涩

续表

贮存期/月	酱香型酒贮存中的感官评语
3	酱香较明显，绵柔带甜，尚欠协调，后味稍苦涩
4	酱香较明显，绵柔带甜，尚欠协调，后味稍苦涩
5	酱香明显，醇甜，稍有辣感，后味稍苦涩
6	酱香明显，醇甜，有辣感，后味稍苦涩
7	酱香明显，醇和绵甜，后味微苦涩
8	酱香明显，绵甜较醇厚，后味微苦涩
9	酱香明显，绵甜较醇厚，有回味，微苦涩稍有老酒风味
10	酱香明显，绵甜较醇厚，有回味，微苦涩有老酒风味
11	酱香较突出，香气幽雅，绵甜较醇厚，回味较长，后味带苦涩

表 6-5　清香型新酒的贮存变化

贮存期/月	清香型酒贮存中的感官评语
0	清香，糟香味突出，辛辣，苦涩，后味短
1	清香带糟气味，微冲鼻，糙辣苦涩，后味短
2	清香带糟气味，入口带甜，微糙辣，后味苦涩
3	清香微有糟气味，入口带甜，微糙辣，后味苦涩
4	清香微有糟气味，味较绵甜，后味带苦涩
5	清香，绵甜较爽净，微有苦涩
6	清香，绵甜较爽争，稍苦涩，有余香
7	清香较纯正，绵甜爽净，后味稍辣，有苦涩感
8	清香较纯正，绵甜爽净，后味稍辣，有苦涩感
9	清香纯正，绵甜爽净，后味长，有余香
10	清香纯正，绵甜爽净，后味长，具有老酒风味
11	清香纯正，绵甜爽净，味长余香

从上述品评结果可以看出，浓香型和清香型酒新酒气味突出，具有明显的糙辣等不愉快感，但贮存 5~6 个月之后，其风味逐渐转变，贮存至一年左右，已较为理想。而酱香酒，贮存期需在 9 个月以上才稍有老酒风味，说明酱香型白酒的贮存期应比其他香型的酒长，通常要求在 3 年以上较好。

第五节　同类型不同档次的酒的质量鉴别

白酒香味成分复杂是众所周知的事，因为种类繁多，含量微小，而且各种微量香味成分之间的相互复合、平衡和缓冲作用，就构成了同类型白酒也存在着不同的质量特点。

一、浓香型白酒

浓香型酒高质量产品特征为：窖香浓郁，绵甜爽净，香味协调，回味悠长，就其不同产品质量的鉴别见表 6-6。

表 6-6　　浓香型白酒质量

级别	感官质量特点
优级	具有浓郁的己酸乙酯为主体的复合香气，绵甜爽净，香味谐调，余味悠长，具有本品典型的风格
一级	具有较浓郁的己酸乙酯为主体的复合香气，较绵甜爽净，香味谐调，余味悠长，具有本品典型的风格
二级	具有己酸乙酯为主体的复合香气，入口纯正，后味较净，具有本品固有的风格

二、酱香型白酒

酱香型白酒以其酱香突出、诸味谐调、口味细腻、后味悠长为其高质量的特点，其各级酒的质量鉴别见表 6-7。

表 6-7　　酱香型白酒感官质量

级别	感官质量特点
优级	酱香突出，诸味谐调，口味细腻丰满，后味悠长，空杯香持久，酱香风格典型，本品风格突出
一级	酱香较突出，诸味较谐调，口味丰满，后味长，酱香风格明显
二级	有酱香，口味醇厚，有后味，本品风格明显

三、清香型白酒

高质量的清香型大曲酒质量特点为：清香纯正，口味醇厚，余味爽净，不同档次的同类产品、质量的鉴别见表 6-8。

表 6-8　　清香型白酒感官质量

级别	感官质量特点
优级	清香纯正，具有乙酸乙酯为主体的优雅、谐调的复合香气、口感柔和，绵甜爽净、酒体谐调，余味悠长，具有本品典型风格
一级	清香较纯正，具有乙酸乙酯为主体的复合香气，口感柔和，绵甜爽适，较谐调，有余味较长，具有本品明显的风格
二级	清香较正，具有乙酸乙酯为主体的香气。较绵甜爽净，有余味，具有本品固有的风格

四、其他七个香型白酒质量的鉴别（略）

第六节　新类型白酒的质量鉴别

一、清爽型白酒的质量鉴别

（一）清爽型白酒

以液态法发酵生产的精馏酒为主体，并与固态法发酵的各种类型白酒及其连带品（酒头、酒尾、黄水等）结合，也可加入少量允许添加的食品添加剂，经科学勾调的白酒。

（二）清爽型白酒的质量特点

该类产品具有低度、低酸、低酯、低卫生指标值的显著特征。

二、功能型白酒的质量鉴别

（一）功能型白酒

以固态法生产的白酒为基础，加入食用香料、既是食品又是药品的物质，或允许使用的补品、甜味剂、调味剂等经科学方法加工而成的白酒。

（二）功能型白酒的质量特点

该产品含有对人有营养保健作用的特殊成分，具有增强体质、提高人体免疫力或减少酒对人体伤害等功能，这类酒分两大类型：一是色微黄、药味不突出，保持白酒风格风味的酒；二是色重、药味重、加糖，白酒风格、风味不突出，药酒、露酒特点突出的酒。

三、混合香型白酒的质量鉴别

（一）混合香型白酒

采取多种工艺共用（如大曲、小曲混用工艺）而生产出白酒，其产品具有本香型酒特点，又有其他香型酒特点，或各种香型基酒经过科学勾调而成的白酒。

（二）混合香型的质量特点

该类产品香气高雅、自然，清而不淡，香而不酽，具有舒适的混合香，使人心旷神怡，有余香绵绵之感。另外，市场上出现了凤兼浓，凤兼浓兼酱等混合香型酒，受到了广大消费者喜爱。

第七章　白酒的组合

白酒成分十分复杂，其中乙醇和水占白酒总量的98%~99%，另1%~2%由多种微量成分组成。白酒中各种微量成分的含量和量比关系、微量成分与酒的常量成分（水和乙醇）的缔合紧密程度决定了酒质的好坏。这就决定了白酒生产过程中必须经过一个关键工序——组合，它是白酒生产过程中一个不可缺少的重要环节。

第一节　组合的作用

组合从字面上讲就是掺兑的意思，也有人叫调配、扯兑。引申到酿酒行业，就是把具有不同风格特点、不同贮存时期、不同发酵周期的酒，采用物理方法，按恰当比例掺和，使之相互取长补短，协调平衡，改善酒质，在色、香、味、格各方面均达到既定酒样的质量。通俗的说法就是按一定的比例掺兑在一起，以保持酒的质量稳定，形成符合标准的成品酒。组合是白酒生产工艺中的一个重要环节，对于稳定、提高白酒质量以及提高名优酒率均有明显的作用。

组合实际上就是一个取长补短的生产工艺，它相当于现代化工厂的组装车间，把各车间、各部门生产出来的零件、部件组合成一个完整的产品，对成品质量的优劣起着非常重要的作用。通过组合使酒全面达到各级酒的质量标准，并能将一部分比较差、不够全面的酒或略带有杂味的酒变成好酒，从而提高相同等级酒的质量和产量。

第二节　组合的原理

组合的主要原理就是酒中各种微量香味成分含量的多少与它们相互之间的比例达到平衡，使各微量香味成分的分子重新排列，相互补充，协调平衡，烘托出标准酒的香气，形成独特的风格特点，从而体现出与设计相吻合的标准酒样。

白酒中含有醇、酯、酸、醛、酚等微量成分，不同类型的白酒各成分含量多少及其量比关系各异，从而构成了白酒的不同香型和风格。由于每个窖所产的酒，酒质是不一致的。即使是同一个窖，每甑生产的酒也有区别，所含微量成分也不一样，在质量上（指香和味）也不完全一样，如不经过组合就包装出厂，则酒质极不稳定，故只有通过组合才能统一酒质、标准，使每批出厂的酒，做到质量基本一致，使具有不同特点的基础酒统一在一个质量标准上，也就是“弥补缺陷，发扬长处，取长补短”，使酒质更加完美。

第三节　勾兑步骤

组合之前首先应将酒杯、针管、250mL 三角瓶、渣酒盅等材料和器具准备好，每个酒样正前方摆放一个酒杯，并且每个酒杯旁配一支针管，按顺序摆放在桌面上，并准备好记录本和笔。

一、选酒

在组合前，必须根据设计要求选择适应的合格酒。除按组合原则挑选使用酒外，为进一步提高合格酒的利用率，实现效益的最大化，还可将各等级酒分为带酒、大综酒和搭酒三类进行使用。

（1）带酒是指具有某种独特香味、能明显起到决定组合酒风格特征的基础酒。这类酒的理化色谱数据较全面，微量香味成分含量丰富，组合时这种酒一般占 10%~15%。

（2）大综酒是指无独特香味的一般酒，香醇、尾净，也初步具备风格，组合起来则能构成香气正、醇甜、爽净等风格特征的基础酒体，通过组合能达到组合酒的质量。组合时这种酒占 80%左右。

（3）搭酒是指在酒体特征上有一定缺陷，味稍杂，或香气稍不正，但通过组合可以弥补其缺陷的基础酒，一般表现为酒带有轻微杂味、酸涩味、香气沉闷等缺陷。组合时这类基础酒一般占 5%左右。

二、小样勾兑

在大批量组合之前，都要进行小样组合，再按小样比例进行大批量组合。一般小样组合有两种方法。

（一）逐步添加法

该法是将需要组合的酒分为三类，即大综酒、带酒（特点突出的增香、增味酒）、搭酒（质量较差的酒），逐步增添酒量，以达到合格基础酒的标准。逐步添加法分为四个步骤来进行：

1. 初样组合

初样组合就是将定为大综酒的酒样，先等量混合，每坛取 50mL 置于三角瓶中摇匀，品评其香味，确定是否符合基础酒的要求。如果不符合，就要分析其原因，调整组合比例，直到符合基础酒的要求为止。

2. 试加搭酒

取组合好的初样 100mL，以 1%的比例递加搭酒。每次递加，都品评一次，直到再加搭酒有损其风味为止。如果添加 1%~2%时有损初样酒的风味，说明该搭酒不合适，应另选搭酒。当然也可以根据实际情况，不加搭酒。一般说来，如果搭酒选得好，适量添加，不但无损于初样酒的风味，而且还可以使其风味得到改善。

3. 添加带酒

带酒是具有特殊香味的酒，其添加比例可按 3%递增，直到酒质协调、丰满、醇厚、完整，符合合格基础酒的要求为止。其添加量要恰到好处，既要提高基础酒的风味质量，又要避免用量过多。

将组合好的小样，加浆（水）至产品的标准酒精度，再仔细品评验证，如酒质无变化，小样组合即算完成。若小样与调度前有明显的变化，应分析原因，重新进行小样组合，直到合格为止。然后根据合格的小样比例，进行大批量组合。

（二） 等量对分法

该法是遵循等量对分原则，增减酒量，达到组合完善的一种方法。等量对分原则通过以下实例来说明。

例如，有 A、B、C、D 四坛酒，各自的数量、特点、缺陷如下：

A 酒：香味好，醇和感差，250kg。

B 酒：醇香好，香味差，200kg。

C 酒：风格好，稍有杂味，225kg。

D 酒：醇香陈味好，香气稍差，240kg。

第一步，以数量最少的 B 坛酒为基础，其他酒与之相比得到等量的比例关系：即 A 酒$\frac{250}{200}$：B 酒$\frac{200}{200}$：C 酒$\frac{225}{200}$：D 酒$\frac{240}{200}$$=1.25:1:1.125:1.2$。

按此比例关系组合小样，即 A 酒 125mL、B 酒 100mL、C 酒 112.5mL、D 酒 120mL，混合均匀后品尝。结果是味杂、香不足。这说明有杂味的 C 酒过多，应减少 C 酒用量；香不足，是香味好的 A 酒用量太少，应增加其用量，增加或减少应遵循对分原则。

第二步，按对分原则，减少 C 酒为$\frac{1.125}{2}=0.56$，增加 A 酒为 $1.25+\frac{1.25}{2}=1.88$。因此调整比例为 A1.88：B1：C0.56：D1.2，即 A 酒 188mL、B 酒 100mL、C 酒 56mL、D 酒 120mL，混合均匀后品尝，结果是杂味消失，但香气仍不足。说明带有杂味的 C 酒用量合适，而 A 酒的量仍然偏少，需再增大用量。

第三步，按对分原则，增加 A 酒比例数为 $1.88+\frac{1.25}{2}=2.51$，再次调整比例为：A2.51：B1：C0.56：D1.20，即 A 酒 251mL、B 酒 100mL、C 酒 56mL、D 酒 120mL，混合均匀后品尝，结果是香气浓郁，达到合格基础酒的要求，则可以进一步试验 A 酒能否减少到最适量。

第四步，按对分法，减少 A 酒比例数为 $2.51-\frac{\frac{1.25}{2}}{2}=2.20$，即调整比例为 A 酒 2.20：B 酒 1：C 酒 0.56：D 酒 1.20，小样勾兑为 A 酒 220mL、B 酒 100mL、C 酒 56mL、D 酒 120mL，混合均匀后品尝，如酒质基本全面，就可以不再组合。如仍有不理想之处，可按对分法再次调整，直到达到最理想的最佳比例为止。

对于多坛酒，例如5坛以上的酒组合方式有以下两种：①从多坛酒中首先选出香味特点突出的带酒和具有某种缺陷的搭酒，而其他香味基本相似的酒，作为大综酒，这样就可以采用逐步添加法进行组合，效果是相当不错的。②逐坛品评，将香味相似的酒分为4个组，分别品评出各组的香味特点，做好记录，然后采用等量对分法进行组合。该法虽然步骤较繁琐，工作量较大，但组合的效果显著，易学易懂。

三、 正式组合

经过小样组合，基本上确定了几个较为满意的样品，通过感官及理化评定后可确定最佳样品的配方。但由于小样组合时试样的量较小，放大后会因为微小的误差造成较大的偏差。因此，应该对确定的配方进行一次性的调配验证，并且在小样的基础上进一步扩大样品总量，通过扩大后的样品与小样试验进行对比、修正，直至满意为止。最后再对扩大样品进行感官和理化评定，若无较大出入，即可确定配方，进行批量组合。

正式组合也就是对小样组合的一个比例放大的过程，大样组合一般都在容量5000kg左右的不锈钢桶内进行。在扩大组合样品配方的基础上，根据使用酒基的酒精度、使用量和比例进行酒基的掺兑，将小样组合确定的大综酒用酒泵打入不锈钢桶，搅拌均匀后，取样尝评，并从中取少量酒样，按小样组合的比例，加入搭酒和带酒，混合均匀，进行尝评。若与原小样合格基础酒相比无大的变化，即按小样组合比例，经换算扩大，将搭酒和带酒泵入酒桶，再加浆到需要的度数，搅拌均匀后成为调味的基础酒。如香味发生了变化，可进行必要的调整，直到符合标准为止。

四、 大批量组合

（一） 大批量组合计算

1. 容量比批量计算

如果小样组合试验时采用容量（如以mL为单位）比配方，则可直接按容量比计算出批量组合的配比数量。

2. 质量比批量计算

如果小样组合试验时采用质量（如以克为单位）比配方，则可批量换算为克或千克。例如前述A酒（2.20）∶B酒（1.00）∶C酒（0.56）∶D酒（1.20），那么批量组合时可取A酒220kg、B酒100kg、C酒56kg、D酒120kg。

（二） 批量组合方法

批量组合一般多采用不锈钢大罐，其容量大小可根据批量组合数量而定，如20t罐、50t罐、100t罐等。按小样组合所确定的比例，首先进行计量，然后用泵将基础酒（大综酒）泵入大罐，并依次将搭酒和带酒分别泵入，经搅拌均匀后，静置备用。

（三） 批量组合的验证

批量组合后，经搅拌均匀，取出少量，与小样组合试验的样品进行对照品评验证。

经品评认为达到或基本达到小样组合的水平，方可算批量组合基本成功。批量组合完成的酒，称为初型合格酒（或称为基础酒）。此酒是调味的基础，其质量除理化指标全部合格外，口感应达到香气浓郁醇正、香与味谐调、绵甜较醇和、余味较长、尾净。如有差异，应分析原因，进行必要的调整，使之达到初型酒的要求后，方可进行正式调味。

第四节　组合的方法

1970年以前，白酒企业生产规模小，一般采用陶坛贮酒，组合都是在陶坛内进行，即坛内组合。随着白酒行业的发展，生产规模逐渐增大，贮存容器容量增大，白酒产品种类日益丰富，组合的要求也越来越高，先后出现了符号组合法、数字组合法等方法。近年来，随着计算机技术的发展及在白酒行业的广泛应用，先后出现了微机组合系统、模糊数学组合系统等现代方法。

一、坛内组合法

初期的组合都是在陶坛内进行，以陶坛为容器，各种容量大小的竹提为工具，一坛一坛地进行组合，使之达到符合等级酒标准，保证产品的稳定性。在缺乏组合经验的厂或培养组合人员的时候，可采用这种方法来积累组合经验，增加组合实践知识，探讨研究酒的性质，摸索组合规律，提高勾兑技术水平，在坛内组合也应先做小样组合实验，然后按小样组合的最佳配比，用竹提子进行扯兑。一般在坛内组合时，常采用以下方法。

（一）两坛酒之间的组合法

根据尝评结果，选用两坛能互相弥补各自缺陷、发挥各自长处的基础酒进行组合。例如有A坛酒，浓香好、醇和差，而B坛酒则醇和好、浓香差，这两坛基础酒就可互相进行组合，其用量比例，可以从等量开始（即用对分法进行）。根据第一次组合的尝评结果，确定是否达到质量标准，减少A坛酒还是B坛酒的用量，然后按对分法确定用量，再进行第二次组合，一直达到质量要求为止。若两坛酒的酒体不合，则应另外选酒，再进行组合。

（二）几坛酒之间的组合法

根据品评结果，选用几坛能互相弥补各自缺陷、发挥各自长处的酒进行组合。如A坛酒浓香好、醇和差，B坛酒醇和好、浓香差，C坛酒风格好而稍有杂味，D坛酒陈回味好而浓香略差。四坛酒进行组合，其用量比例也可从等量开始（也可用对分法，把多因素变成单因素来进行），第一次等量组合后进行品评，首先确定酒的质量是否达到要求，若未达到要求，再次组合（丢掉不适合的坛，增加另外的一坛或几坛），然后尝评，判断酒质的优缺点，确定是否达到质量要求，若未达到要求，应根据尝评结果，确定减少某一坛酒或几坛酒的用量。这种方法多在不同糟别、不同风格类型的基础酒之间采用，如底糟酒、红糟酒、粮糟酒、丢糟酒和老酒、新酒、老窖所产的酒、新窖所产的酒等，从而找出它们之间适宜的组合比例。

（三）多坛酒之间的组合法

当组合的坛数比较多时，一般在10坛以上的时候，可用该种方法。先把决定进行组合的酒，按酒质的不同分为带酒、大综酒和搭酒，先用小样组合实验确定大综酒的组合比例，按此比例将大综酒混合在一起，再根据组合好的大综酒酒质情况，逐渐加入搭酒和带酒，找出大综酒、搭酒、带酒之间的组合比例，达到质量标准后，再按小样组合的比例，量取带酒、大综酒、搭酒进行正式组合。

（四）分组混合组合法

根据大综酒每坛酒质的特点，可以同时采用第2种和第3种方法，将待组合的基础酒分成若干组，再用搭酒和带酒一组一组逐步添加，找出组合后的每组大综酒与搭酒、带酒之间的组合比例，然后才进行大样组合。

在坛内组合酒质很难做到一致，质量不稳定，而且组合中的工作量比较大，但对初学勾调的品评员来说，坛内组合有利于他们不断摸索酒的性质，掌握组合的变化规律，总结实践经验，训练组合基本功，对提高组合技术水平大有裨益。

二、数字组合法

数字组合是根据理化色谱数据来组合酒，用这种方法组合的酒，酒质较好，较稳定。用数字组合的基础酒，在酒质、用酒、时间上均优于用口感（感官）组合的基础酒，是一种比较科学的方法，但使用这种方法必须要有较强的化验分析技术水平和气相色谱仪等设备，否则不能进行。

（一）组合数据的选择

目前用气相色谱分析白酒的风味组分，可以检出数百种微量成分，得到色谱骨架成分和协调成分等物质，但所有数据都参与组合在当前是不可能实现的。因此，必须找准影响白酒酒质的主要微量成分和数据。

（二）确定标准数值

不同企业的成品酒都有其质量标准，除感官指标外，还有理化指标和卫生指标，这里所需的标准数值是理化指标。理化指标主要包括酒精度、总酸、总酯、己酸乙酯等项目，除了分析这些项目以外，在总酯中还要分析乙酸乙酯、乳酸乙酯、丁酸乙酯等，并确定它们的含量范围。数字组合所需确定的标准数值，就是这四大酯在酒中的含量和比例，需要分析大量的数据来确定。不同企业所产的各种酒，有不同的标准数值，要进行数字组合必须以这些标准数值为基础。

（三） 组合方法

1. 品评定级

将班组生产出来的基础酒，逐坛进行品评，确定等级和优缺点。

2. 气相色谱分析

把品评定级后的基础酒，逐坛取样进行气相色谱分析，得到数字组合所需数据。

3. 组合步骤

以浓香型白酒为例：第一步，在解决己酸乙酯和乳酸乙酯的含量和比例关系的基础上，考虑各类酒的组合比例，然后调整乙酸乙酯和丁酸乙酯；第二步，根据计算结果，调整己酸乙酯和乳酸乙酯的量比关系，一般情况下是符合要求的；第三步，根据计算的数值，调整乙酸乙酯和丁酸乙酯的含量和比例关系，但必须在不影响己酸乙酯的含量和己酸乙酯与乳酸乙酯的量比关系的前提下进行调整；第四步，小样组合，把数字组合成功后的各坛酒样，按一定比例缩小（即 50kg 取 1mL）进行小样组合，尝评验证该酒样是否符合感官标准，若符合就算数字组合成功了，不符合则还需进行调整，直到符合要求为止；第五步，添加搭酒，在小样组合成功的酒样中添加搭酒，按不同比例（一般是 1%~5%）添加搭酒。添加 4%左右的搭酒对组合后的数值影响不大，因此不必考虑它的数字组合问题。添加搭酒时，可选用不同酒质的搭酒进行试验，通过尝评确定搭酒添加的数量、种类或不添加搭酒。

4. 数字组合中应注意的问题

参加数字组合的酒样应是没有异杂味的基础酒，有异杂味的只能作为搭酒参加组合，否则将会影响组合的效果。

验收和组合时均应做好记录，注意研究微量成分的含量和量比与感官特征之间的关系，尤其要注意研究上述四种类型酒与主要微量成分含量和量比的内在联系，从而不断地摸索规律，积累总结经验，提高勾兑的技术水平。

数字组合一定要进行小样组合，经品评确定后，再添加搭酒进行试验，达到质量要求后才能进行大样组合，这样既可总结经验，又能纠正和避免数字组合中存在的问题，使数字组合工作顺利进行。

在数字组合时，一般都采用原度酒进行组合，应注意它与酒精度 60%vol 的同种酒在微量成分上的含量存在着 10%~20%的差异，在放大样时应当加以考虑，以免造成组合不准的现象。

三、 计算机组合法

计算机组合就是将基础酒中代表本产品特点的主要微量成分含量输入计算机，计算机再按指定坛号的基础酒中各类微量成分含量的不同，进行优化组合，使各类微量成分含量控制在规定的范围内，达到协调配比。

首先将验收入库的原度酒逐坛进行气相色谱分析，测定微量成分含量，然后将测定所得数据按定性定量的种类、数量编号，用计算机进行运算平衡，使其达到基础酒的质量标准。最后按计算机显示的各坛酒的重量，输入大容器中混合贮存。

（一） 计算机组合具体程序

计算机组合程序见图 7-1。

（1）制定基础酒和合格酒的质量标准。

（2）编制程序。

（3）逐坛进行微量香味成分的分析鉴定。

（4）将样品酒的微量香味成分标准输入计算机。

（5）平衡计算组合基础酒。

（6）计算机输出结果，复查验收。

（7）进行方案修订，转入新的循环运算。

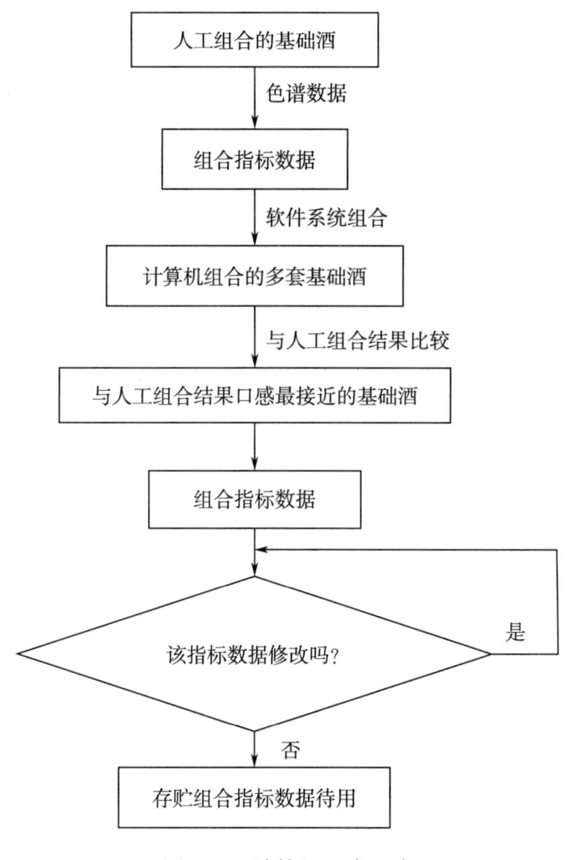

图 7-1　计算机组合程序

（二） 计算机组合操作

对气相色谱数据进行分析，认清酒中重要的微量香味成分及其配比对酒的影响，得出若干套名优酒中微量香味成分含量的标准区间值，结合感官品尝，得到多套组合指标数据，从而将组合调味归结为一个数学模型。再通过一系列措施，将这一数学模型转化为软件系统。因此，对组合系统的控制，其实就是对组合指标的控制。

第五节　组合的原则和特殊现象

一、 组合原则

（一） 各种糟醅酒的搭配

糟醅酒即分层起糟、分别蒸馏得到的酒，又分丢糟酒、粮糟酒、双轮底酒等。各种糟醅生产的酒有各自的特点，不同甑次蒸馏出的酒具有不同的香和味。一般组合的比例是双轮底酒10%~15%、粮糟酒60%~65%、红糟酒15%~20%、丢糟酒5%左右。这仅是一个大概比例，具体配比应在实践中确定。

（二） 老酒和一般酒的搭配

贮存时间长的酒（2年以上）具有醇和、绵软、陈味好的特点，但香味较淡，贮存期短的（半年左右）酒口感较燥，但香味较浓。两者适当搭配，可以使酒质全面。一般来说，老酒占20%~30%，一般酒占70%~80%较为合适。

（三） 老窖酒与新窖酒的搭配

由于人工老窖的创新与发展，有些新窖也能产优质合格酒，但与老窖相比，此类酒味较淡薄。老窖酒则香气浓郁，味醇正。如果用老窖酒来带新窖酒，既可以提高质量，又可以提高产量。在勾兑优质酒时，可适当添加部分新窖酒，一般占20%~30%。如果勾兑一般中档酒，则老窖酒占20%~30%。

（四） 不同季节所产酒的搭配

由于一年中气温变化幅度较大，粮糟入窖温度也有较大差异，发酵条件不同，所以产出的酒质也不一致。夏季所产酒香味浓，但味杂；而冬季所产酒香味淡，较清雅，绵甜度好。故而不同季节所产酒搭配合理，也对酒质产生较大影响。

（五） 不同发酵期所产酒的搭配

发酵期的长短与酒质有着密切关系。发酵期长的酒，香浓，味醇厚；发酵期短的酒，闻香大，挥发性香味物质多，醇厚感差。若两者搭配合理，既可以提升酒的香气，又能使酒有一定的醇厚感。一般发酵期短的酒用量为5%~10%较合适。

二、 组合的特殊现象

组合是调味的基础，组合的原则是使酒中各种微量成分的比例达到平衡。为了生产出来的微量成分含量和比例不同的酒，统一达到本品固有的微量成分含量和比例，就必须用组合的方法来解决。在组合中，会出现各种奇特的现象。

（1）好酒和差酒之间组合后，会使酒变好。其原因是：差酒中有一种或数种微量香味成分含量偏多，也有可能偏少，但当它与比较好的酒组合时，偏多的微量香味成分得到稀释，偏少的可能得到补充，所以组合后的酒质就会变好。例如，有一种酒乳酸乙酯含量偏多，为200mg/100mL，而己酸乙酯含量不足，只有80mg/100mL，己酸乙酯和乳酸乙酯的比例严重失调，因而香差味涩；当它与较好的酒，如乳酸乙酯含量为150mg/100mL、己酸乙酯含量为250mg/100mL的酒组合后，则调整了乳酸乙酯和己酸乙酯的含量和比例，结果变成好酒。

（2）差酒与差酒组合，有时也会变成好酒。这是因为一种差酒所含的某种或数种微量香味成分含量偏多，而另外的一种或数种微量香味成分含量却偏少，另一种差酒与上述差酒的微量香味成分含量的情况恰好相反，于是一经组合，互相得到了补充，差酒就会变好。例如，一种酒丁酸乙酯含量偏高，而总酸含量不足，而另一种酒的总酸含量偏高，丁酸乙酯含量偏低，窖香不突出，呈酸味。把这两种酒进行组合，正好取长补短，成为较全面的好酒。

一般来说，带涩味与带酸味、带酸味与带辣味的酒组合可以使酒变好。实践总结可得：甜与酸、甜与苦可以抵消；甜与咸、酸与咸可中和；酸与苦反增苦；苦与咸可中和；香可压邪，酸可助香等。

（3）好酒和好酒组合，有时反而变差。在相同香型酒之间进行组合时，不易发生这种情况，而在不同香型的酒之间进行组合时就容易发生。因为各种香型的酒都有不同的主体香味成分，而且差异很大。如浓香型酒的主体香味成分是己酸乙酯和适量的丁酸乙酯，其他的醇、酯、酸、醛、酚只起烘托作用；清香型酒的主体香味成分是乙酸乙酯，以乳酸乙酯为搭配谐调，其他为助香成分。这几种酒的香味性质不一致，如果组合在一起，原来各自谐调平衡的微量香味成分含量及量比关系均受到破坏，就可能使香味变淡或出现杂味，甚至改变香型，比不上原来单一酒的口味好，从而使两种好酒变为差酒。

第六节　组合中应注意的问题

组合是为了组合出合格的基础酒。基础酒质量的好坏，直接影响到调味工作的难易和产品质量的优劣，如果基础酒质量不好，就会增加调味的困难，并且增加调味酒的用量，既浪费精华酒，又容易产生异杂味和香味改变等不良现象，以致反复多次，始终调不出一个好的成品酒。所以，组合是一个十分重要而又非常细致的工作，绝不能粗心马虎。如选酒不当，就会因一坛之误，而影响几十吨酒的质量，造成难以挽回的损失。因此组合时必须注意：

（1）人员应有高度的责任心和事业心，在实践中注意不断提高勾兑技术水平。必须有较高的尝酒能力，对酒的风格、库房中每坛酒的特点等都要准确掌握；同时了解不同酒质量的变化规律，才能够组合出好酒，组合出典型风格。

（2）要搞好小样组合。组合是细致而复杂的工作，因为极其微量的成分都可能引起酒质的较大变化，因此要进行精心组合，经品尝合格后，再大批量组合。

（3）掌握各种酒的情况，每坛酒必须有健全的卡片，卡片上记有产酒的年、月、生产车间、发酵容器号、酒精度、质量、酒质等情况。组合时，应清楚了解各坛酒的上述情况，最好能结合色谱分析数据，以便科学地搞好组合工作。

（4）做好原始记录。不论小样组合还是正式组合都应做好原始记录，以提供研究分析数据。通过大量的实践，从中找到规律性的东西，有助于提高组合技术。

（5）经过组合后，基酒基本达到同等级成品酒的水平，符合基酒的质量标准，允许有点缺陷，但必须酒体完善，有风格，香气正。

第七节 组合过程的计算

在白酒生产中，计算出酒率时，均以酒精度65%vol为准，但在实际生产中又以酒的重量计算出酒率。一般白酒厂在交库验收时，采用一般粗略的计算方法，将实际酒精度折算为65%vol后确定出酒率。另一方面，在低度白酒生产和白酒组合过程中，均涉及酒精度的换算。

一、质量分数和体积分数的相互换算

酒的酒精度最常用的表示方法有体积分数和质量分数。所谓体积分数是指100份体积的酒中，有若干份体积的纯酒精。例如，65%vol的酒是指100份体积的酒中有65份体积的酒精和35份体积的水。质量分数是指100g酒中所含纯酒精的质量（g）。这是由纯酒精的相对密度为0.78934所造成的体积分数与质量分数的差异。每一个体积分数都有一个唯一的、固定的质量分数与之相对应。两种浓度的换算方法如下。

（一）将质量分数换算成体积分数（即酒精度）

$$\varphi(\%) = \frac{\omega \times d_4^{20}}{0.78934}$$

式中 φ——体积分数，%

ω——质量分数，%

d_4^{20}——样品的相对密度，是指20℃时样品的质量与同体积的纯水在4℃时的质量之比

0.78934——纯酒精在20℃/4℃时的相对密度

例：有酒精质量分数为57.1527%的酒，其相对密度为0.89764，其体积分数为多少？

解：
$$\varphi(\%) = \frac{\omega \times d_4^{20}}{0.78934} = \frac{57.1527 \times 0.89764}{0.78934} = 65.0(\%)$$

（二）体积分数换算成质量分数

$$\omega(\%) = \varphi \times \frac{0.78934}{d_4^{20}}$$

例：有酒精体积分数为60.0%的酒，其相对密度为0.90915，其质量分数为多少？

解：
$$\omega(\%) = \varphi \times \frac{0.78934}{d_4^{20}} = 60.0 \times \frac{0.78934}{0.90915} = 52.09(\%)$$

二、高度酒和低度酒的相互换算

高度酒和低度酒的相互换算，涉及折算率。折算率，又称互换系数，是根据“酒精容量、相对密度、质量对照表”的有关数字推算而来，其公式为：

$$折算率 = \frac{\varphi_1 \times \frac{0.78934}{(d_4^{20})_1}}{\varphi_2 \times \frac{0.78934}{(d_4^{20})_2}} \times 100\% = \frac{\omega_1\%}{\omega_2\%} \times 100\%$$

式中　ω_1——原酒酒精度，%（质量分数）

　　　ω_2——调整后酒精度，%（质量分数）

（一）将高度酒调整为低度酒

$$调整后酒的质量(kg) = 原酒的质量(kg) \times \frac{\omega_1}{\omega_2} \times 100\% = 原酒质量(kg) \times 折算率$$

式中　ω_1——原酒酒精度，%（质量分数）

　　　ω_2——调整后酒精度，%（质量分数）

例：酒精度为65.0%vol的酒153kg，要把它折合成酒精度为50.0%vol的酒是多少千克？

解：查附录一：65.0%vol＝57.1527%（质量分数）

　　　　　　　50.0%vol＝42.4252%（质量分数）

$$调整后酒的质量 = 153 \times \frac{57.1527\%}{42.4252\%} \times 100\% = 206.11(kg)$$

（二）将低度酒折算为高度酒

$$折算高度酒的质量 = 欲折算低度酒的质量 \times \frac{\omega_1\%}{\omega_2\%} \times 100\%$$

式中　$\omega_1\%$——欲折算低度酒的酒精质量分数

　　　$\omega_2\%$——折算为高度酒的酒精质量分数

例：要把酒精度为39.0%vol的酒350kg，折算成酒精度为65.0%vol的酒是多少千克？

解：查附录一：39.0%vol＝32.4139%（质量分数）

　　　　　　　65.0%vol＝57.1527%（质量分数）

$$折算高度酒的质量 = 350 \times \frac{32.4139\%}{57.1527\%} \times 100\% = 198.49(kg)$$

三、不同酒精度的勾兑

有高、低度数不同的两种原酒，要组合成一定数量和酒精度的酒，需原酒各为多少？可依照下列公式计算：

$$m_1 = \frac{m(\omega - \omega_2)}{\omega_1 - \omega_2}$$

$$m_2 = m - m_1$$

式中　ω_1——较高酒精度的原酒质量分数,%

ω_2——较低酒精度的原酒质量分数,%

m_1——较高酒精度的原酒质量，kg

m_2——较低酒精度的原酒质量，kg

m——组合后酒的质量，kg

ω——组合后酒的酒精度,%（质量分数）

例：有酒精度为72.0%和58.0%vol的两种原酒，要组合成100kg 60.0%vol的酒，各需多少千克？

解：查附录一：72.0%vol=64.5392%(质量分数)

58.0%vol=50.1080%(质量分数)

60.0%vol=52.0879%(质量分数)

$$m_1 = \frac{m(\omega - \omega_2)}{\omega_1 - \omega_2} = \frac{100 \times (52.0879\% - 50.1080\%)}{64.5392\% - 50.1080\%} = 13.72(\text{kg})$$

$$m_2 = m - m_1 = 100 - 13.72 = 86.28(\text{kg})$$

即需72.0%vol原酒13.72kg，需58.0%vol原酒86.28kg。

四、温度、酒精度之间的折算

我国规定酒精计的标准温度为20℃，但在实际测量时，酒精溶液的温度不可能正好都在20℃。因此必须在温度、酒精度之间进行折算，把其他温度下测得的酒精溶液浓度换算成20℃时的酒精溶液浓度。

例：某坛酒在温度为14℃时测得的酒精度为64.08%vol，求该酒在20℃时的酒精度是多少？

解：其查表方法如下：

在酒精浓度与温度校正表中的酒精溶液温度栏中查到14℃，再在酒精计示值体积浓度栏中查到64.0%，两点相交的数值为66.0，即为该酒在20℃时的酒精度66.0%vol。

五、白酒加浆定度用水量的计算

不同白酒产品均有不同的标准酒精度，原酒往往酒精度较高，在白酒组合时，常需加水降度，使成品酒达到标准酒精度，加水数量的多少要通过计算来确定。

加浆量=标准量-原酒量

=原酒量×酒精度折算率-原酒量

=原酒量×(酒精度折算率-1)

例：酒精度为65.0%vol的原酒有500kg，要求兑成酒精度为50.0%vol的酒，求加浆数量是多少？

解：查附录：65.0%vol=57.1527%(质量分数)

50.0%vol=42.4252%(质量分数)

$$\text{加浆数} = 500 \times \left(\frac{57.1527\%}{42.4252\%} - 1\right) = 173.57(\text{kg})$$

例：要组合 1000kg 46.0%vol 的成品酒，问需多少千克酒精度为 65.0%vol 的原酒？需加多少千克的水？

解：查附录一：65.0%vol = 57.1527%（质量分数）

46.0%vol = 38.7165%（质量分数）

$$\text{需酒精度为65.0\%vol 原酒的质量} = 1000 \times \frac{38.7165\%}{57.1527\%} = 677.42(\text{kg})$$

$$\text{加水量} = 1000 - 677.42 = 322.58(\text{kg})$$

在实际应用中只要掌握体积分数和重量分数的换算关系及在酒精度调整中其纯酒精重量不变的原理，就可采用上述计算方法解决白酒生产中的计算问题。

第八章　白酒的调味

有人认为组合是“画龙”，而调味则是“点睛”。基础酒经组合达到一定的质量标准，已接近成品酒的质量标准，但尚未完全达到成品酒感官质量标准，在某一点上略显不足，这就要通过调味工序来加以解决。调味是在组合、加浆、过滤后的半成品酒上进行的一项精加工技术，针对处理后的半成品酒香气和口味上的不足，选用适当风格特点的调味酒对半成品酒的香和味进行平衡、协调、烘托，从而使产品质量更加完美和统一，是组合工艺的深化和延伸。经过调味后，半成品酒达到质量标准，产品质量保持了稳定或得到进一步提高。

第一节　调味的原理和作用

一、调味的原理

从目前人们的认识来看，调味工作主要起平衡作用，它是通过少量添加微量成分含量高的酒，改变基础酒中各种芳香成分的配合比例，通过抑制、缓冲或协调等作用，平衡各成分之间的量比关系，以达到固有香型的特点。

所谓调味酒并不是向酒中添加某种“化学添加剂”，而是用极少量香味特点更加突出的调味酒弥补基础酒在香味上的缺陷，使其优雅丰满，酒体更加完善，风格更加突出。

二、调味的作用

（一）添加作用

添加有两种情况：一是基础酒中根本没有这类芳香物质，而在调味酒中却较多，这类物质在基础酒中得到稀释后，符合它本身的放香阈值，因而呈现出愉快的香味，使基础酒协调完满，突出了酒体风格。二是基础酒中某种芳香物质较少，达不到放香阈值，香味不能显示出来，而调味酒中这种物质却较多，添加之后，在基础酒中增加了该种物质的含量，就达到或超过其放香阈值，基础酒就会显出香味来。当然这只是简单地从单一成分考虑，实际上白酒中的微量成分众多，互相缓冲、抑制、协调，要比这种简单计算复杂得多。

（二）化学反应

调味酒中所含的微量成分与半成品酒中所含的微量成分进行化学反应，生成新的呈香呈味物质，从而引起酒质的变化。这些反应都比较缓慢或在适宜条件下才能发生（如温度、压力、浓度），并且不一定能同时发生。

（三）协调平衡

根据调味的目的，加调味酒就是以需要的气味强度和溶液浓度打破半成品酒原有的平衡，重新调整半成品酒中的呈香和呈味物质，促使平衡向需要的方向移动，以排除异杂，增加需要的香味，达到调味的效果。

（四）分子重排

酒质的好坏与酒中分子的排列顺序有一定的关系，添加调味酒的微量成分引起量比关系改变或增加了新的微量成分，从而影响各分子间原来的排列，致使酒中各分子间重新排列，改变了原来的状况，突出了一些微量成分的作用，同时也有可能掩盖了另一些分子的作用，发挥了调味的功能。

第二节　调味酒的制备和选用

一、调味酒的制备

调味酒的种类较多，可以按照调整香气、调整口味和调整风格分为三大类。

（一）调香用的调味酒

根据香气的挥发速度及含香气化合物的香气特征进行分类，调整香气用的调味酒包括高挥发性的酯香气类调味酒、挥发性居中的调味酒和挥发性低而香气持久的调味酒。高挥发性的酯香气类调味酒含有多量的挥发性酯类化合物，而且具有高浓度的特定酯，如乙酸乙酯等。这类调味酒能够使待调味的半成品酒的香气飘逸出来。但这类调味酒的香气不持久，很容易消失。属于这类调香酒的有酒头调味酒、高酯调味酒。挥发性居中的调味酒的香气挥发速度居中，香气有一定的持久性。在香气特征上，这类调味酒有陈香气味，或者具有其他特殊气味特征。这类调味酒可以使待调味的基酒的香气“丰富”“浓郁”或“调香”“掩蔽”等，并使基酒的香气具有一定的持久性。挥发性低、香气持久的调味酒的香气挥发速度较慢，香气很持久。它们含有多量的高沸点酯类及其他类化合物。它们的香气特征可能不是很明显或具有特殊的气味特征。这类调味酒可以使待调基酒的香气持久稳定。

（二）调整味道用的调味酒

按照其中含香味物质的味觉特征及香味物质的分子大小、溶解度（水）等内容进行分类。调整口味用的调味酒包括酸味调味酒、甜味调味酒和增加刺激感的调味酒。酸味调味酒含有较高含量的有机酸类化合物，能够消除半成品酒的苦味，增加酒体的醇和、绵柔感。甜味调味酒是调整半成品酒中甜味感觉的。增加刺激感的调味酒含有较多的小分子醇类及醛类化合物。这类酒一方面可以增加半成品酒中醇及醛的刺激性，另一方面，它的加入还可以提高酯类物质的挥发性，增加酒体的丰满度，延长回味。

（三） 调整风格用的调味酒

按照其形式风格特征的典型性进行分类，调整风格用的调味酒包括增加浓厚感的调味酒、增加醇厚感的调味酒和增加后味的调味酒。增加浓厚感的调味酒其中有机酸、乙酸乙酯含量高，风格典型、突出，能增加半成品酒的风格。增加醇厚感的调味酒其中酸、酯含量高，糟香突出，可增加半成品酒的糟香。增加后味的调味酒总酯含量高，后味浓厚，可增加半成品酒的后味。

要做好调味工作，必须要有种类繁多的高质量的调味酒或调味品。下面介绍一些调味酒和调味酒的生产及主要性质。

二、 调味酒的种类

（一） 双轮底调味酒

双轮底酒酸、酯含量高，浓香和醇香突出，糟香味大，有的还有特殊香味。双轮底酒是调味酒的主要来源。所谓“双轮底”发酵，就是将已发酵成熟的酒醅起到黄水能浸没到的酒醅位置为止，再从此位置开始，在窖的一角（或直接留底糟）留约一甑（或两甑）量的酒醅不起，在另一角打黄水坑，将黄水舀完、滴净，然后将这部分酒醅全部平铺于窖底。在上面撒一层熟糠，再将入窖粮糟依次盖在上面，装满后封窖发酵，底醅经两轮发酵，称为“双轮底”糟。在发酵期满蒸馏时，将这一部分底醅单独进行蒸馏，产的酒称作“双轮底”酒。

（二） 陈酿调味酒

选用生产中正常的窖池（老窖更佳），把发酵期延长到0.5年或1年，以增加酯化陈酿时间，产生特殊的香味。半年发酵的窖一般采用4月入窖、10月开窖（避过夏天高温季节）蒸馏。1年发酵的窖，3月或11月装窖，到次年3月或11月开窖蒸馏。蒸馏时量质摘酒，质量好的可全部作为调味酒。这种发酵周期长的酒，具有良好的糟香味，窖香浓郁，后味余长，具有陈酿味，故称陈酿调味酒，此酒酸、酯含量特别高。

（三） 老酒调味酒

从贮存3年以上的老酒中选择调味酒，有些酒经过3年贮存后，酒质变得特别醇和、浓厚，具有独特风格和特殊的味道，通常带有一种所谓的“中药味”，实际上是“陈味”。用这种酒调味可提高基础酒的风格和陈酿味，去除部分“新酒味”。

（四） 浓香调味酒

选择好的窖池和适宜的季节，在正常生产粮醅入窖发酵15d左右时，往窖内灌酒，使糟醅酒精度达到7%左右，按每1m^{3}窖容积灌50kg己酸菌培养液（含菌数>4×10^{8}个/mL），再发酵100d，开窖蒸馏，量质摘酒即成。采用回酒、灌己酸菌培养液、延长发酵期等工艺措施，使所产调味酒的酸、酯成倍增长，香气浓而味长，是优质的浓香调味酒。

（五）陈味调味酒

每甑鲜热粮醅摊凉后，撒入20kg高温曲，拌匀后堆积，升温到65℃，再摊晾，按常规工艺下曲入窖发酵，出窖蒸馏，酒液盛于瓦坛内，置发酵池一角，密封，盖上竹筐等保护物，窖池照常规下粮糟发酵，经两轮以上发酵周期后，取出瓦坛，此酒即为陈味调味酒。这种酒曲香突出，酒体浓稠柔厚，香味突出，回味悠长。

（六）曲香调味酒

选择质量好、曲香味大的优质麦曲，按2%的比例加入双轮底酒中，装坛密封1年以上。在贮存中每3个月搅拌一次，取上层澄清液作调味酒用。酒脚（残渣）可拌和在双轮底糟上回蒸，蒸馏的酒可继续浸泡麦曲。依次循环，进一步提高曲香调味酒的质量。这种酒曲香味特别好，但酒带黄色及一些怪味，使用时要特别小心。

（七）酸醇调味酒

酸醇调味酒是收集酸度较大的酒尾和黄水，各占一半，混装于麻坛内，密封贮存3个月以上（若提高温度，可缩短贮存周期），蒸馏后在40℃下再贮存3个月以上，即可作为酸醇调味酒。此酒酸度大，有涩味，但它恰恰适合于冲辣的基础酒的调味，能起到很好的缓冲作用，这一措施特别适用于液态法白酒的勾调。

（八）酒头调味酒

取双轮底糟或延长发酵期的酒醅蒸馏的酒头，每甑取0.25~0.50kg，混装在瓦坛中，贮存一年以上备用。酒头中主要成分为醛、酯和酚类，甲醇含量也较高。经长期贮存后，酒中的醛类、酚类和一些杂质，一部分挥发，一部分氧化还原，它可以提高基础酒的前香和喷头。

（九）酒尾调味酒

选双轮底糟或延长发酵期的粮糟酒尾，方法有以下几种。

1. 每甑取酒尾30~40kg，酒精含量为15%vol，装入麻坛，贮存1年以上。

2. 每甑取前半截酒尾25kg，酒精含量为20%vol左右，加入质量较好的丢糟黄浆酒，比例可为1∶1，混合后酒精含量在50%vol左右，密封贮存。

3. 将酒尾加入底锅内重蒸，酒精含量控制在40%~50%vol，贮存1年以上。酒尾中含有较多较高沸点的香味物质，酸酯含量高，杂醇油、高级脂肪酸和酯的含量也高。由于含量比例很不谐调（乳酸乙酯含量特高），味道很怪，单独品尝，香味和口味都很特殊。

酒尾调味酒可以提高基础酒的后味，使酒体回味悠长和浓厚。在勾调低度白酒和液态白酒时，如果使用得当，会产生良好的效果。

酒尾中的油状物主要是亚油酸乙酯、棕榈酸乙酯、油酸乙酯等，呈油状漂浮于水面。

（十）酱香调味酒

采用高温曲并按茅台或郎酒工艺生产，但不需多次发酵和蒸馏，只要在入窖前堆积一段时间，入窖发酵 30d，即可生产酱香调味酒。这种调味酒在调味时用量不大，但只要使用得当，就会收到意想不到的效果。

三、 调味酒的选用原则

（一） 确定半成品酒的优点与缺陷

对待调味的酒进行尝评，掌握香气、口味、风格上的不足之处，明确需要解决待调酒哪方面的不足，做到心中有数，确定选择何种风格类型的调味酒。

（二） 选用合适的调味酒

根据酒的质量情况，确定选用哪几种调味酒，选用能弥补酒缺陷的调味酒。调味过程实质上是对酒的香气、口味和风格进行精细调整，必须使用相应的调味酒进行调香、调味和调整风格。对调味酒来说，一般要求它们含有特殊的香气成分或口味成分，而且尽可能针对性强一些。

第三节 调味酒的功能

传统白酒历来是用调味酒来调味的，在调味过程中，调味酒的作用非常微妙。调味酒与合格酒、基础酒有着明显的差异，一般采用独特工艺生产的具有各种特点的精华酒，在香气和口味上都是特香、特浓、特甜、特暴燥、特怪等。单独品尝调味酒，会感到气味和口感怪而不谐调，没有经验的人往往会把它们误认为是坏酒。实际上这些不谐调的怪味很可能就是调味酒的特点。所以，掌握调味酒的特点、性能，对搞好调味有着非常重要的意义。

我们可以根据调味酒共有的一些性质来简单定义调味酒，即只要在闻香、口感或者某些色谱骨架成分的含量上有特点的酒就可以称为调味酒。某些非色谱骨架成分（复杂成分）高度富集，特征性关键气味、口味物质高度富集的酒也可以称为调味酒。调味酒的这些特点越突出，其作用越大。

调味酒的主要功能和作用是使勾兑后的基础酒质量水平和风格特点尽可能得到提高，使基础酒的质量向好的方向变化，并基本稳定。有些调味酒，如“双轮底”酒等，在组合时作为组合的组分之一使用，在调味时又可作为调味酒使用。由此可见，某些调味酒既有组合功能，又有调味功能，这说明这些调味酒在不同过程中发挥着改变、调整酒中芳香物质组成成分的作用。

关于调味酒在调味时的用量，有人主张不超过 0.1%（指对高度酒调味而言），也有人主张从实际需要出发确定使用量。调味中，如果调味酒的用量<0.1%，那么对合格基础酒中的色谱骨架成分不会产生实质性的影响，只是由于高度富集了某些复杂成分的调味酒的加入，使得基础酒中相关复杂成分的含量发生了较大的改变，即发生了复杂成分的重新调整，这是调味酒的一个重要功能。

如果在调味中，调味酒用量超过 0.1%，此时的第一种可能是选用的调味酒不适合该基础酒，第二种可能是调味酒的用量不够或是基础酒存在问题。对出现的第一种可能，应重新选择合适的调味酒。对出现的第二种可能，解决的方法之一是适当加大调味酒的用量，如增大到0.1%~1.0%，在调整某些非色谱骨架成分（复杂成分）的同时，也使色谱骨架成分得到相应的微小调整，有时也会达到比较理想的效果。调味酒用量超过0.1%的情况在生产中也会经常发生，如在勾调酒精度为38%~46%vol的酒时。

新型白酒、液态白酒的调味，除可采用调味酒外，还可以考虑从发酵调味料或其他发酵食品中提取适用于白酒调味的调味品来调味。当然，这方面还有许多问题有待进一步研究和解决，但这也许是未来调味技术发展的重要途径之一。

第四节　调味的方法

添加调味酒，首先要针对基础酒中的缺陷和不足，选定几种调味酒，以万分之一至万分之五的滴加量，一杯杯优选，然后根据尝评结果，添加和减少不同种类、数量的调味酒，直到符合标准为止，从而得出不同调整结构的调味酒的用量比例，主要调味方法分为以下三种。

一、分别添加，对比尝评

分别加入各种调味酒，一种一种地进行优选，最后得出不同调味酒的用量。例如，有一种半成品酒，经品评认为浓香差、陈味不足、较粗糙，针对基础酒的这些缺陷，逐一解决这些问题。可以分三步进行调味，首先解决浓香差的问题，选用一种能提高浓香味的调味酒进行滴加，一般从万分之一、万分之二、万分之三依次增加，逐步上升，加一次品评一次，直到浓香风格突出为止，如果所选用的调味酒加到0.1%，还不能提高酒的浓香味时，则选用的调味酒不恰当，应另选用其他能提高浓香的调味酒。浓香解决后，再选用其他能提高陈味的调味酒来解决陈味不足的问题，仍按上述方法进行。陈味解决了，最后解决粗糙问题，办法同上。然后按照添加的各种调味酒的数量一次添加，再品评看是否解决了半成品酒的缺陷，若未解决则应针对性地进行调整。选用适当时，加10.1%以内的调味酒就会使酒的风味有明显的改善。

在调味时，容易发生一种现象，即滴加调味酒后，解决了原来的缺陷和不足，又出现新的缺陷，或者要解决的问题没有解决却解决了其他方面的问题，所以这种调味方法做起来比较复杂，花的时间长，调好一个基础酒一般要数小时。对初学调味工作的人来说，多采用这种方法是很有益处的，在分别加入各种调味酒的过程中，能逐步认识到各种调味酒对不同酒的作用和反应，了解各种调味酒的特性和相互间的搭配关系，从而不断地总结经验，丰富知识，对提高调味技术水平很有益处。这就是调味工作的复杂和微妙之处，只有在实践中摸索总结，慢慢体会，才能得心应手。

二、依次添加，反复体会

根据品评鉴定结果，针对半成品酒的缺点和不足，先选定几种调味酒，分别记住其主要特点，一次加入数种不同量的调味酒，摇匀后品评，再根据品评结果，增添或减少不同种类、数量的调味酒，依此不断增减，逐一优选，直至符合质量标准为止，采用这个办法进行调味比较省时。一般是具有一定调味经验的酒体设计师在掌握了一定调味技术的基础上，才能顺利进行，否则就得不到满意的结果，这个方法比第一种更快些，可以节约一些时间，但是若没有掌握好要领，反而会适得其反。例如，半成品酒缺进口香，回味短，甜味稍差，则第一次加入增加进口香的调味酒 0.02%，增加回味调味酒 0.01%，增加浓香调味酒 0.01%，添加后摇匀品评，根据品评鉴定结果，再次加入不同数量、不同香味的调味酒，按此反复增、减不同量的调味酒，直至达到质量标准为止。

三、 一次添加，确定方案

根据半成品酒的缺陷、不足以及调味经验，选取不同特点、不同香型（香味）的调味酒，按一定比例制成一种针对性强的综合调味酒，然后以万分之一的添加量逐渐加到基础酒中进行优选，通过品评找出最适用量，直至找到最佳点为止，如果这种合成的混合调味酒，添加到 0.1%以上还找不到最佳点或解决不了半成品酒的缺陷，就证明这种混合调味酒不适应半成品酒的性质，需要重新考虑调味酒的用量比例和成分，重新进行调味酒的选择和调整配比。再使用第二次制成的混合调味酒，滴加到酒中，进行优选。制成的混合调味酒若适合半成品酒的特性，一般添加量不超过 0.1%，就能使酒的质量有明显的提高或达到产品质量出厂标准，用这种方法进行调味，关键在选准使用哪些调味酒制成混合调味酒。制好混合调味酒后，在滴加的优选上就比较简单省事，它用的时间短，效果快，但是必须要有丰富经验的调味人员才能准确有效地设计好混合调味酒，否则就可能事倍功半，甚至会适得其反。

第五节 调味的步骤

目前，调味的方法还是主要依靠调味人员的工作经验和感觉器官来分析基础酒与成品酒的质量差距，找出基础酒中的缺点，并以此为根据选择调味酒，加入基础酒中，边品评边滴加，达到最佳程度后，再以比例放大。

一、 工艺要求

准备器具 → 选择调味酒 → 小样调味 → 小样质量鉴评 → 大样调味

（1）调味之前要求所有器具干净、无色、无味。

（2）调味人员要有丰富的调味实践经验，从实践中不断总结各种调味酒在调味中的实际反应和不同组合酒的特性等，这样才能选好、选准调味酒，做好调味工作。

二、 操作方法

（一） 选择调味酒

对待调味的酒进行仔细品评，分析判断其在香气、口味、风格上存在的不足之处，初步确定选择何种风格类型的调味酒。

（二）小样调味操作

（1）调味时首先用需调味的酒样将三角瓶、量杯、品酒杯淌洗一遍，渣酒倒入渣酒盅，然后用带针头的针管吸取 0.2mL 左右对应调味酒淌洗针管，渣酒倒入渣酒盅后再吸取相应调味酒约 0.2mL 放回原位待用。

（2）将待调味的酒样倒约 30mL 入 1#品酒杯，将标样 30mL 倒入 2#品酒杯，仔细鉴别两个酒样的口感差异，并设计调味方案。然后用量杯准确量取 50mL 待调味的酒样，倒入三角瓶，选取所需调味酒，滴入需要滴数（滴调味酒时，针管、针头应与酒的液面垂直），用手摇动三角瓶 20s 左右，倒 30mL 入 3#品酒杯并品尝，记录方案，如果达到效果，则调味结束；如不满意，将三角瓶剩的酒液倒入渣酒盅，分别用 20mL 待调酒样淌洗三角瓶 2 次，淌洗的渣酒倒入渣酒盅，然后重复用量杯量取 50mL 待调酒样，按上述步骤调味，直到得到满意的调味方案为止。

（3）将品酒杯、三角瓶、调味针管内的酒液倒入渣酒盅，回收到相应容器，将调味酒归还备样员指定位置，将调味器具清洗干净，放于消毒柜烘干备用。

（4）小样的质量鉴评。酒体设计人员将所备小样与标样进行比对，确定调味方案，遵循“质量第一、成本优先”的原则。

（三）成品酒小样调味方案选择

（1）参与调味的人员每人精选一个调味方案，交由酒体设计组长审核。

（2）由备样员将审核合格的小样调味方案进行放样 500mL，并进行编码，送中心质量控制小组，不合格的调味方案作废，不予放样。

（3）质量小组从该批次小样中选出最佳方案。如果质量小组对该批次小样都否决，则该批次小样全部作废，并重新进行调味。

（4）备样员根据选中小样方案重新放样，由质量小组确认后，备样员将合格的小样方案交酒体设计组长确认后，制放样单、派单。

（四）成品酒大样调味

（1）酒库班组收到派单后，核实数据，根据派单数据进行大样调味的准备。

（2）大样调味 24h 后，所在班组对大样进行取样，交备样员签收。

（3）质量小组对大样进行鉴定。

（4）鉴定合格的大样，由备样员填写送审单，交尝评委员会审批；审批不合格的大样，质量小组通知酒体设计人员对该批次酒源重新调味并取样。

（5）最终的成品酒调味方案由尝评委员会通过，并做出审批意见。审批合格的大样，由公司尝评委员会出具书面通知，成品酒调味工作结束；审批不合格的大样，重新进入调味环节，直至送审大样经审批合格为止。

（五）调味酒滴加量的计算

1mL 的调味酒用 $\Phi 5\frac{1}{2}$针头滴加，滴的时候应用力均匀，注射器要垂直向下，滴的速度和时间间隔要一致，不能成线。一般情况下，1mL 能滴 200 滴，按此计算，每一滴相当于0.005mL，若加一滴调味酒在50mL的半成品酒中，添加量即为0.01%，其计算方法为：

$$每滴(mL)=\frac{1mL}{滴数}=\frac{1}{200}=0.005(mL)=5\mu L$$

$$添加比例=\frac{每滴调味酒的毫升数}{使用组合酒的毫升数}\times 100\%=\frac{0.005}{50}\times 100\%=0.01\%$$

由于每种调味酒的生产工艺、储存时间、微量香味成分的不同，其黏度也不同，在$\Phi 5\frac{1}{2}$针头的流速和每滴的体积也不同。具体的某种调味酒1mL能滴多少滴，应根据实际情况进行测定，才能较准确地计算出每滴的添加比例。

第六节　调味中应注意的问题

分析组合基础酒的酒质情况，务必清楚了解存在的问题，全面熟悉各种调味酒的性能和功能，每种调味酒对基础酒所起的作用和反应，然后根据基础酒的实际情况，确定选取哪种调味酒，对症下药。

选取的调味酒的性质要与基础酒所需要的性质相符合，并能弥补基础酒的缺陷。调味酒选择是否得当是调味的关键，选对了效果显著，而且用量少，选择不当，调味酒用量大且效果不明显，甚至会越调越远离所需求的口感质量。

调味工作是一项十分细致的工作，要求调味工作人员加强训练，在工作中不断总结经验，做好笔记，特别是要得心应手地掌握调味酒的性能，在什么样情况下使用什么样的调味酒，能出现什么样的结果，其比例是多少等。

（1）各种因素都极易影响酒质的变化。所以，在调味工作中，调味所用器具必须清洁干净，要专具专用，以免相互污染，影响调味效果。

（2）在正常情况下，调味酒的用量不应超过0.3%（酒精度不同，用量不同）。如果超过一定用量，基础酒仍然未达到质量要求时，说明该调味酒不适合该基础酒，应另选调味酒。在调味过程中，酒的变化很复杂，有时只添加十万分之一，就会使基础酒变坏或变好，因此，调味时要认真细致，少量添加，随时准备判断调味的终点，并做好原始记录。

（3）调味工作时间最好安排在每天上午9:00~11:00，或15:00~17:00，地点应按品评室的环境要求来设置。另外，调味工作人员应保持稳定，以利于技术和产品质量的提高。

（4）调味时，应组织若干人（3~5人）集体品评鉴定，以保证产品质量的一致性。

（5）计量必须准确，否则大批样难以达到小样的标准。

（6）选好和制备好调味酒，不断增加调味酒的种类，提高质量，增加调味中调味酒的可选性，这对保证低度白酒的质量尤为重要。

（7）调味工作完成后，不要马上包装出厂，特别是低度白酒，最好能存放1~2周后，检查确认质量无大的变化后，才能包装。

第九章　白酒勾调的实例

中国白酒具有悠久的历史，是典型的民族传统工业，产品风格独特，质量优良，在世界蒸馏酒中独树一帜。随着经济的发展，消费人群和消费口味不断变化与更新，这就要求我们在白酒勾调方面要与时俱进，产品更新换代的能力进一步增强。

第一节　白酒勾调相关计算

计算实例 1：

现有三款基础酒 A、B、C，基本数据如表 9-1 所示：

表 9-1　　三款基础酒 A、B、C 基本数据

名称	酒精度/%vol	总酸/(g/mL)	总酯/(g/mL)	己酸乙酯/(g/mL)	乙酸乙酯/(g/mL)
基础酒 A	70.1	1.14	4.31	2.999	1.038
基础酒 B	68	1.26	4.11	2.519	1.069
基础酒 C	65	1.18	3.85	2.835	1.366

现在需要调配 10000kg 38%vol 的成品酒，其中基础酒 A 占比 70%，基础酒 B 占比 25%，基础酒 C 占比 5%（注：以 38%vol 计）。

请计算：

（1）需要基础酒 A、B、C 及加浆水各多少千克？

（2）组合后的酒中己酸乙酯的含量是多少？

解：

（1）查白酒、酒精换算手册得以下数据，见表 9-2：

表 9-2　　酒精度、密度、质量百分数数据 1

酒精度/%vol	70.1	68	65	38
密度/(g/mL)	0.8853	0.8905	0.8977	0.9512
质量百分数/%	62.49	60.27	57.15	31.53

各符号表示如下：

W——质量百分数，%

m——质量，kg，t

V——体积百分数，%

b——体积，L、kL

ρ——密度，g/mL

φ——微量成分含量，g/L，mg/100mL

① 计算基础酒 A 用量：

$$m_{总} \times W_{总} \times 70\% = m_A \times W_A$$

$$m_A = m_{总} \times W_{总} \times 70\% / W_A$$

$$= 10000 \times 31.53 \times 0.7 / 62.49$$

$$= 3532(kg)$$

同理得出 $m_B = 1308$（kg），$m_C = 276$（kg）。

需加浆用水：$10000 - 3532 - 1308 - 276 = 4884(kg)$

② 计算组合后酒中己酸乙酯的含量：

公式：

$$\varphi_{低} = \varphi_{高} \times (V_{低} / V_{高})$$

$$\varphi_{38A} = \varphi_{70.1A} \times (V_{38} / V_{70.1})$$

$$= 2.999 \times (38/70.1)$$

$$= 1.626(g/L)$$

同理，$\varphi_{38B} = 2.519 \times (38/68) = 1.408(g/L)$

$\varphi_{38C} = 2.835 \times (38/65) = 1.657(g/L)$

组合后酒中己酸乙酯的含量 $= 1.626 \times 0.7 + 1.408 \times 0.25 + 1.657 \times 0.05 = 1.573(g/L)$

计算实例 2：

现有 39%vol 的白酒 100mL，需要勾调到 45%vol，需要加 95%vol 的酒精多少毫升？

解：首先，查白酒、酒精换算手册得以下数据，见表 9-3：

表 9-3 酒精度、密度、质量百分数数据 2

酒精度/%vol	39	45	95
密度/(g/mL)	0.94963	0.93954	0.81138
质量百分数/%	32.41	37.8	92.41

$$V_{39} \times \rho_{39} \times W_{39} + V_{95} \times \rho_{95} \times W_{95} = (V_{39} \times \rho_{39} + V_{95} \times \rho_{95}) \times W_{45}$$

$$V_{39} \times \rho_{39} \times (W_{45} - W_{39}) = V_{95} \times \rho_{95} \times (W_{95} - W_{45})$$

$$V_{95} = \frac{V_{39} \times \rho_{39} \times (W_{45} - W_{39})}{\rho_{95} \times (W_{95} - W_{45})}$$

$$V_{95} = \frac{100 \times 0.94963 \times (37.8 - 32.41)}{0.81138 \times (92.41 - 37.8)} = 11.55(mL)$$

答：需要加 95%vol 的酒精 11.55mL。

第二节　传统白酒勾调案例

根据市场消费者多样化的口感需求，酒体设计人员需进行多样化的酒体设计。酒体设计的基础是满足酒体设计需要的各类风格的基础酒，因此我们需要根据产品口感要求，制定相应口感基础酒的酿酒生产计划，从酿酒工艺上进行设计，以口感和理化指标为衡量标准，在生产关键控制点上进行合理把控，从曲药、原料配比、酿酒工艺、贮存等各个操作环节进行精心设计，使得酿造出来的基础酒达到酒体设计要求。因此，可以说酒体设计具有指导酿酒生产的意义，有利于产品质量的稳定与提高。

一、实际操作举例

设计一款 52%vol 符合 GB/T 10781.1—2006（优级）标准的产品，见表 9-4。

表 9-4　设计产品举例

设计量要求	口感要求	理化指标要求
100t	芳香浓郁、醇厚丰满、回味悠长	己酸乙酯/(g/L)：1.20~2.80 总酸（以乙酸计）/(g/L)：≥0.4 总酯（以乙酸乙酯计）/(g/L)：≥2.0

设计过程如下：

（一）浓郁型基础酒生产工艺要点

浓郁是指整个酒体芳香丰满而优美，口味醇厚而圆润。它是酯、酸、醇、醛、酮、酚等多种微量香味物质共同作用形成的复合香味感觉。首先根据口感设计要求，我们需要使用醇甜感好、浓郁、丰满的基础酒进行酒体设计。因此，在酿酒工艺上，我们必须做到以下几点，才能使得生产出来的基础酒达到此次设计口感的要求。

1. 柔酽母糟发酵

柔酽母糟是一种感官肥实、保水性能较强的发酵糟，具有较强的香味成分积淀作用，发酵糟内的营养物质含量丰富且协调，为微生物提供了极佳的生长代谢环境。柔酽母糟培育主要利用控糠控水技术，减缓窖内发酵升温速度，降低窖内发酵糟有氧呼吸对淀粉的消耗，用淀粉和粮食发酵残余物吸收贮存水分。

柔酽母糟产出的基础酒微量成分丰富，酒体浓厚、醇甜、绵柔。

2. “双轮底”发酵

“双轮底”发酵，其实质也是一种延长发酵期的操作方法，其特点主要是在开窖取母糟进行蒸馏的过程中，当母糟起到有黄水出现时不起，仍置于窖底补充配料曲药、酒等再次发酵的工艺操作，发酵期一般在 60~120d，有的甚至更长。

经“双轮底”发酵技术生产的基础酒一般作为调味酒使用，酒中酸、酯含量较高，窖香浓郁，浓香和醇甜感突出，糟香味大，用于调味能提高酒体的浓香、糟香和窖香。

3. 翻沙工艺

翻沙发酵是采用二次发酵、回酒发酵、加曲、延长发酵期等技术于一体的工艺。选用质量基础好的窖泥进行翻沙发酵，生产的基础酒经过贮存后应用于基础酒组合和半成品调味。

翻沙调味酒丰满、醇厚、风格好，用于调味可以增加半成品酒的醇甜感、丰满度，使酒体绵柔、风格好。

4. 量质分段摘酒

在蒸馏过程中，各段酒的风格及微量成分是不同的。摘酒时，应根据各自的特点进行量质分段摘酒，并且摘酒后分质并坛，为酒体设计做好准备。

根据生产实际，我们摘得以下基础酒用于酒体设计。将待用基础酒样逐个倒入酒杯中，依次仔细尝评，并做好口感记录，确定基础酒的风格特点。

（二） 小样组合

小样组合方案见表 9-5。

表 9-5　　小样组合方案

酒样编号	酒精度/%vol	总酸/(g/L)	总酯/(g/L)	己酸乙酯/(g/L)	口感特点
1#	70.3	1.14	4.31	2.999	醇甜、浓郁
2#	68	1.26	4.11	2.519	醇厚、味长
3#	65	1.18	3.85	2.835	丰满、绵柔
4#	67.9	1.3	3.95	2.079	较醇甜、味短
5#	64.3	1.69	3.11	1.965	稍酸、平淡
6#	69.7	1.37	4.5	3.713	浓厚、欠净

根据产品口感要求，按照酒体设计的目标，大致确定选酒方向并进行小样组合。经过多次反复小样组合试验设计，最终确定选择 1#、2#、3#基础酒用于此次产品设计，并且通过多次组合确定了三款基础酒样之间的最佳搭配比例。

选用的三款基础酒的基本信息见表 9-6：

表 9-6　　三款基础酒基本信息

酒样编号	1#	2#	3#
酒精度/%vol	70.3	68	65
相对密度	0.88476	0.89045	0.89764
质量分数/%	62.7127	60.2733	57.1527
总酸/(g/L)	1.14	1.26	1.18
总酯/(g/L)	4.31	4.11	3.85
己酸乙酯/(g/L)	2.999	2.519	2.835
小样组合用量/mL	10	6	4

根据查表：52%vol 的相对密度为 0. 92621，质量分数（%）为 44. 3118。

计算过程：

1. 所选基础酒降度成 52%vol 的质量计算

1#基础酒降度质量：10×0. 88476×62. 7127/44. 3118＝12. 52（g）

2#基础酒降度质量：6×0. 89045×60. 2733/44. 3118＝7. 27（g）

3#基础酒降度质量：4×0. 89764×57. 1527/44. 3118＝4. 63（g）

降度后小样总质量：12. 52+7. 27+4. 63＝24. 42（g）

2. 降度成 52%vol 时各基础酒的质量分数计算

1#基础酒降度质量分数：12. 52/24. 42×100%＝51. 27%

2#基础酒降度质量分数：7. 27/24. 42×100%＝29. 77%

3#基础酒降度质量分数：4. 63/24. 42×100%＝18. 96%

3. 52%vol 小样设计时己酸乙酯含量计算

1#降度为 52%vol 时己酸乙酯含量：2. 999×52/70. 3＝2. 218（g/L）

2#降度为 52%vol 时己酸乙酯含量：2. 519×52/68＝1. 926（g/L）

3#降度为 52%vol 时己酸乙酯含量：2. 835×52/65＝2. 268（g/L）

52%vol 小样设计己酸乙酯含量：

2. 218×51. 27%+1. 926×29. 77%+2. 268×18. 96%＝2. 141（g/L）

4. 52%vol 小样设计时总酸含量计算

1#降度为 52%vol 时总酸含量：1. 14×52/70. 3＝0. 843（g/L）

2#降度为 52%vol 时总酸含量：1. 26×52/68＝0. 964（g/L）

3#降度为 52%vol 时总酸含量：1. 18×52/65＝0. 944（g/L）

52%vol 小样设计总酸含量为：

0. 843×51. 27%+0. 964×29. 77%+0. 944×18. 96%＝0. 898（g/L）

二、 大样设计

按照小样设计确定的组合方案同比例进行扩大，计算出每种基础酒的大样用量。因此，放样 100t 所需 1#、2#、3#基础酒的原度用量分别为：

1#原度用量：100×51. 27%×44. 3118/62. 7127＝36. 23（t）

2#原度用量：100×29. 77%×44. 3118/60. 2733＝21. 89（t）

3#原度用量：100×18. 96%×44. 3118/57. 1527＝14. 70（t）

加浆水用量：100-（36. 23+21. 89+14. 70）＝27. 18（t）

三、 小样调味

根据之前组合好的半成品酒口感方面的欠缺和调味经验来选取调味酒，以 1/10000 的比例，逐滴加入酒中，通过尝评找出最适用量。

（1）分别取半成品酒 50mL 于 4 个三角摇瓶中。

（2）各加入选定调味酒 1、3、5、7 滴（每 1mL 以 200 滴计）。

（3）搅拌均匀后尝评。

（4）假设以加 5、7 滴效果较好，加 7 滴后进行调味计算（1 滴调味酒近似 1/200mL，即 0.005mL)：

50mL 半成品酒需要调味酒用量：0.005×7=0.035mL。

四、大样调味

根据小样调味的方案，按照半成品酒的质量进行计算，得出各种调味酒的大样添加量，进行大样调味。若最终产品有出入，可进行适当调整，直到达到要求为止。

100 吨 52%vol 酒样需要调味酒质量：100/0.92621/50×0.035×1000=75.6 (kg)

第三节　新型白酒勾调实例

一、勾调原则

白酒用量（几种混合）为 35%（体积分数），串香酒用量为 20%（体积分数），食用酒精经净化处理用量为 45%（体积分数），串香酒中的微量成分未做考虑。

白酒色谱分析数据如表 9-7 所示：

表 9-7　白酒色谱分析数据　以酒精 45%vol 计/(mg/100mL)

香味成分	含量	香味成分	含量
己酸乙酯	105	异丁醇	18.9
乙酸乙酯	150	正丁醇	8.7
乳酸乙酯	280	仲丁醇	6.7
丁酸乙酯	30	异戊醇	40.3
戊酸乙酯	25	乙醛	40.4
正丙醇	30.5	乙缩醛	70.8
总酸	1.2g/L	总酯	5.8g/L

感官品评结果：该酒放香差，主体香不突出，醛味过头，味糙辣，尾闷带苦涩。

二、配方设计和计算

根据名优白酒的微量成分特征和本产品的档次、风格，进行配方设计和计算。

酒精度为 45%vol，总酸含量为 1.0g/L。

（一）酸的计算：

乙酸：己酸：乳酸：丁酸=1：1.8：0.8：0.3。

固态法白酒用量为 35%（体积分数），总酸为 1.2g/L、酒精度为 45%vol 的新型白酒中应加入酸量为：1.0-1.2×35%=0.58g/L。

加入的各种酸类分别为：

乙酸：0.58×1/3.9=0.149g/L（注：1+1.8+0.8+0.3=3.9)

己酸：0. 58×1. 8/3. 9＝0. 268g/L

乳酸：0. 58×0. 8/3. 9＝0. 119g/L

丁酸：0. 58×0. 3/3. 9＝0. 045g/L

其他酸的加入，可制成混合酸用微量注射器滴加，这里计算时未加考虑。

（二）酯类计算：

四大酯类的含量按45%vol设计如下。

己酸乙酯：180mg/100mL，即1. 8g/L

乙酸乙酯：120mg/100mL，即1. 2g/L

乳酸乙酯：130mg/100mL，即1. 3g/L

丁酸乙酯：20mg/100mL，即0. 2g/L

酒精度45%vol的新型白酒中应加入四大酯的量分别为：

己酸乙酯：1. 8－1. 05×35%＝1. 432g/L

乙酸乙酯：1. 2－1. 5×35%＝0. 675g/L

乳酸乙酯：1. 3－2. 8×35%＝0. 32g/L

丁酸乙酯：0. 2－0. 3×35%＝0. 095g/L

其他酯类的加入量同此计算。

（三）其他微量成分加入量计算：

例如，2,3－丁二醇的含量设计为5mg/100mL；双乙酰设计为4mg/100mL。若固态法白酒中此两种微量成分忽略不计，则直接可按此量加入，也可换算成每升中加入的克数。

三、加水量计算

设食用酒精已经稀释到65%vol，而成品酒要求是45%vol，则65%vol酒精1t加水量为0. 5119t（查酒精度加浆系数表可得）时便变成45%vol。若食用酒精是95%vol，则变成45%vol的加浆系数为1. 4447。以此类推。

四、质量与体积的换算

一般酒厂大批量勾调时是用质量计算，但加香料或调味酒时以g/L或mL/L计算，故应将成品酒的总质量根据不同酒精含量的相对密度换算成总体积，这样计算才准确。

附录一　酒精体积分数、质量分数、密度对照表

酒精体积分数、质量分数、密度对照表

体积分数/%	质量分数/%	密度/(g/mL)	体积分数/%	质量分数/%	密度/(g/mL)
0.0	0.0000	0.99823	2.6	2.0636	0.99443
0.1	0.0791	0.99808	2.7	2.1433	0.99428
0.2	0.1582	0.99793	2.8	2.2230	0.99414
0.3	0.2373	0.99779	2.9	2.3027	0.99399
0.4	0.3163	0.99764	3.0	2.3825	0.99385
0.5	0.3956	0.99749	3.1	2.4622	0.99371
0.6	0.4748	0.99734	3.2	2.5420	0.99357
0.7	0.5540	0.99719	3.3	2.6218	0.99343
0.8	0.6333	0.99705	3.4	2.7016	0.99329
0.9	0.7126	0.99690	3.5	2.7815	0.99315
1.0	0.7918	0.99675	3.6	2.8614	0.99300
1.1	0.8712	0.99660	3.7	2.9413	0.99286
1.2	0.9505	0.99646	3.8	3.0212	0.99272
1.3	1.0299	0.99631	3.9	3.1012	0.99258
1.4	1.1092	0.99617	4.0	3.1811	0.99244
1.5	1.1386	0.99602	4.1	3.2611	0.99230
1.6	1.2681	0.99587	4.2	3.3411	0.99216
1.7	1.3475	0.99573	4.3	3.4211	0.99203
1.8	1.4270	0.99558	4.4	3.5012	0.99189
1.9	1.5065	0.99544	4.5	3.5813	0.99175
2.0	1.5860	0.99529	4.6	3.6614	0.99161
2.1	1.6655	0.99515	4.7	3.7415	0.99147
2.2	1.7451	0.99500	4.8	3.8216	0.99134
2.3	1.8247	0.99486	4.9	3.9018	0.99120
2.4	1.9043	0.99471	5.0	3.9819	0.99106
2.5	1.9839	0.99457	5.1	4.0621	0.99093

续表

体积分数/%	质量分数/%	密度/(g/mL)	体积分数/%	质量分数/%	密度/(g/mL)
5. 2	4. 1424	0. 99079	8. 6	6. 8810	0. 98645
5. 3	4. 2226	0. 99066	8. 7	6. 9618	0. 98633
5. 4	4. 3028	0. 99053	8. 8	7. 0427	0. 98621
5. 5	4. 3831	0. 99040	8. 9	7. 1237	0. 98608
5. 6	4. 4634	0. 99026	9. 0	7. 2046	0. 98596
5. 7	4. 5437	0. 99013	9. 1	7. 2855	0. 98584
5. 8	4. 6240	0. 99000	9. 2	7. 3665	0. 98572
5. 9	4. 7044	0. 98986	9. 3	7. 4475	0. 98560
6. 0	4. 7848	0. 98973	9. 4	7. 5285	0. 98548
6. 1	4. 8651	0. 98960	9. 5	7. 6095	0. 98536
6. 2	4. 9456	0. 98947	9. 6	7. 6905	0. 98524
6. 3	5. 0259	0. 98935	9. 7	7. 7716	0. 98512
6. 4	5. 1064	0. 98922	9. 8	7. 8526	0. 98500
6. 5	5. 1868	0. 98909	9. 9	7. 9337	0. 98488
6. 6	5. 2673	0. 98896	10. 0	8. 0148	0. 98476
6. 7	5. 3478	0. 98883	10. 1	8. 1060	0. 98464
6. 8	5. 4283	0. 98871	10. 2	8. 1771	0. 98452
6. 9	5. 5089	0. 98858	10. 3	8. 2583	0. 98440
7. 0	5. 5894	0. 98845	10. 4	8. 3395	0. 98428
7. 1	5. 6701	0. 98832	10. 5	8. 4207	0. 98416
7. 2	5. 7506	0. 98820	10. 6	8. 5020	0. 98404
7. 3	5. 8312	0. 98807	10. 7	8. 5832	0. 98392
7. 4	5. 9118	0. 98795	10. 8	8. 6645	0. 98380
7. 5	5. 9925	0. 98782	10. 9	8. 7458	0. 98368
7. 6	6. 0732	0. 98769	11. 0	8. 8271	0. 98356
7. 7	6. 1539	0. 98757	11. 1	8. 9084	0. 98344
7. 8	6. 2346	0. 98744	11. 2	8. 9897	0. 98333
7. 9	6. 3153	0. 98732	11. 3	9. 0711	0. 98321
8. 0	6. 3961	0. 98719	11. 4	9. 1524	0. 98309
8. 1	6. 4768	0. 98707	11. 5	9. 2338	0. 98298
8. 2	6. 5577	0. 98694	11. 6	9. 3152	0. 98286
8. 3	6. 6384	0. 98682	11. 7	9. 3966	0. 98274
8. 4	6. 7192	0. 98670	11. 8	9. 4781	0. 98262
8. 5	6. 8001	0. 98658	11. 9	9. 5595	0. 98251

续表

体积分数/%	质量分数/%	密度/(g/mL)	体积分数/%	质量分数/%	密度/(g/mL)
12.0	9.6410	0.98239	15.4	12.4214	0.97853
12.1	9.7225	0.98227	15.5	12.5035	0.97842
12.2	9.8040	0.98216	15.6	12.5856	0.97831
12.3	9.8856	0.98204	15.7	12.6677	0.97820
12.4	9.9671	0.98193	15.8	12.7498	0.97809
12.5	10.0487	0.98181	15.9	12.8320	0.97798
12.6	10.1303	0.98169	16.0	12.9141	0.97787
12.7	10.2118	0.98158	16.1	12.9963	0.97776
12.8	10.2935	0.98146	16.2	13.0785	0.97765
12.9	10.3751	0.98135	16.3	13.1607	0.97754
13.0	10.4568	0.98123	16.4	13.2429	0.97743
13.1	10.5384	0.98112	16.5	13.3252	0.97732
13.2	10.6201	0.98100	16.6	13.4073	0.97722
13.3	10.7018	0.98089	16.7	13.4896	0.97711
13.4	10.7836	0.98077	16.8	13.5719	0.97700
13.5	10.8653	0.98066	16.9	13.6542	0.97689
13.6	10.9470	0.98055	17.0	13.7366	0.97678
13.7	11.0288	0.98043	17.1	13.8189	0.97667
13.8	11.1106	0.98032	17.2	13.9011	0.97657
13.9	11.1925	0.98020	17.3	13.9835	0.97646
14.0	11.2743	0.98009	17.4	14.0660	0.97635
14.1	11.3561	0.97998	17.5	14.1484	0.97624
14.2	11.4379	0.97987	17.6	14.2307	0.97614
14.3	11.5198	0.97975	17.7	14.3132	0.97603
14.4	11.6017	0.97964	17.8	14.3957	0.97592
14.5	11.6836	0.97953	17.9	14.4780	0.97582
14.6	11.7655	0.97942	18.0	14.5605	0.98571
14.7	11.8474	0.97931	18.1	14.6431	0.97560
14.8	11.9294	0.97919	18.2	14.7225	0.97550
14.9	12.0114	0.97908	18.3	14.8081	0.97539
15.0	12.0934	0.97897	18.4	14.8905	0.97529
15.1	12.1754	0.97886	18.5	14.9731	0.97518
15.2	12.2574	0.97875	18.6	15.0558	0.97507
15.3	12.3394	0.97864	18.7	15.1383	0.97497

续表

体积分数/%	质量分数/%	密度/(g/mL)	体积分数/%	质量分数/%	密度/(g/mL)
18. 8	15. 2209	0. 97486	22. 2	18. 0408	0. 97123
18. 9	15. 3035	0. 97476	22. 3	18. 1241	0. 97112
19. 0	15. 3862	0. 97465	22. 4	18. 2075	0. 97101
19. 1	15. 4689	0. 97454	22. 5	18. 2908	0. 97090
19. 2	15. 5515	0. 97444	22. 6	18. 3740	0. 97080
19. 3	15. 6341	0. 97434	22. 7	18. 4574	0. 97069
19. 4	15. 7169	0. 97423	22. 8	18. 5408	0. 97058
19. 5	15. 7997	0. 97412	22. 9	18. 6243	0. 97047
19. 6	15. 8823	0. 97402	23. 0	18. 7077	0. 97036
19. 7	15. 9650	0. 97392	23. 1	18. 7912	0. 97025
19. 8	16. 0478	0. 97381	23. 2	18. 8747	0. 97014
19. 9	16. 1307	0. 97370	23. 3	18. 9582	0. 97003
20. 0	16. 2134	0. 97360	23. 4	19. 0117	0. 96992
20. 1	16. 2963	0. 97349	23. 5	19. 1254	0. 96980
20. 2	16. 3791	0. 97339	23. 6	19. 2090	0. 96969
20. 3	16. 4620	0. 97328	23. 7	19. 2926	0. 96958
20. 4	16. 5450	0. 97317	23. 8	19. 3762	0. 96947
20. 5	16. 6280	0. 97306	23. 9	19. 4598	0. 96936
20. 6	16. 7108	0. 97296	24. 0	19. 5434	0. 96925
20. 7	16. 7938	0. 97285	24. 1	19. 6271	0. 96914
20. 8	16. 8769	0. 97274	24. 2	19. 7110	0. 96902
20. 9	16. 9598	0. 97264	24. 3	19. 7947	0. 96891
21. 0	17. 0428	0. 97253	24. 4	19. 8784	0. 96880
21. 1	17. 1259	0. 97242	24. 5	19. 9623	0. 96868
21. 2	17. 2090	0. 97231	24. 6	20. 0461	0. 96857
21. 3	17. 2920	0. 97221	24. 7	20. 1299	0. 96846
21. 4	17. 3751	0. 97210	24. 8	20. 2137	0. 96835
21. 5	17. 4583	0. 97199	24. 9	20. 2977	0. 96823
21. 6	17. 5415	0. 97188	25. 0	20. 3815	0. 96812
21. 7	17. 6247	0. 97177	25. 1	20. 4654	0. 96801
21. 8	17. 7077	0. 97167	25. 2	20. 5495	0. 96789
21. 9	17. 7910	0. 97156	25. 3	20. 6333	0. 96778
22. 0	17. 8742	0. 97145	25. 4	20. 7172	0. 96767
22. 1	17. 9575	0. 97134	25. 5	20. 8012	0. 96756

续表

体积分数/%	质量分数/%	密度/(g/mL)	体积分数/%	质量分数/%	密度/(g/mL)
25.6	20.8853	0.96744	29.0	23.7569	0.96346
25.7	20.9693	0.96733	29.1	23.8418	0.96334
25.8	21.0533	0.96722	29.2	23.9267	0.96322
25.9	21.1375	0.96710	29.3	24.0119	0.96309
26.0	21.2215	0.96699	29.4	24.0968	0.96297
26.1	21.3058	0.96687	29.5	24.1818	0.96285
26.2	21.3899	0.96676	29.6	24.2668	0.96273
26.3	21.4742	0.96664	29.7	24.3518	0.96261
26.4	21.5583	0.96653	29.8	24.4371	0.96248
26.5	21.6426	0.96641	29.9	24.5222	0.96236
26.6	21.7270	0.96629	30.0	24.6073	0.96224
26.7	21.8112	0.96618	30.1	24.6924	0.96212
26.8	21.8956	0.96606	30.2	24.7778	0.96199
26.9	21.9798	0.96595	30.3	24.8629	0.96187
27.0	22.0642	0.96583	30.4	24.9483	0.96174
27.1	22.1487	0.96571	30.5	25.0335	0.96162
27.2	22.2330	0.96560	30.6	25.1187	0.96150
27.3	22.3175	0.96548	30.7	25.2042	0.96137
27.4	22.4020	0.96536	30.8	25.2895	0.96125
27.5	22.4866	0.96524	30.9	25.3750	0.96112
27.6	22.5709	0.96513	31.0	25.4603	0.96100
27.7	22.6555	0.96501	31.1	25.5459	0.96087
27.8	22.7401	0.96489	31.2	25.6315	0.96074
27.9	22.8245	0.96478	31.3	25.7169	0.96062
28.0	22.9092	0.96466	31.4	25.8025	0.96049
28.1	22.9938	0.96454	31.5	25.8882	0.96036
28.2	23.0785	0.96442	31.6	25.9739	0.96023
28.3	23.1633	0.96430	31.7	26.0596	0.96010
28.4	23.2480	0.96418	31.8	26.1451	0.95998
28.5	23.3328	0.96406	31.9	26.2309	0.95985
28.6	23.4176	0.96394	32.0	26.3167	0.95972
28.7	23.5024	0.96382	32.1	26.4025	0.95959
28.8	23.5872	0.96370	32.2	26.4886	0.95945
28.9	23.6720	0.96358	32.3	26.5745	0.95932

续表

体积分数/%	质量分数/%	密度/(g/mL)	体积分数/%	质量分数/%	密度/(g/mL)
32.4	26.6604	0.95919	35.8	29.6034	0.95448
32.5	26.7463	0.95906	35.9	29.6908	0.95433
32.6	26.8325	0.95892	36.0	29.7778	0.95419
32.7	26.9184	0.95879	36.1	29.8653	0.95404
32.8	27.0044	0.95866	36.2	29.9527	0.95389
32.9	27.0907	0.95852	36.3	30.0398	0.95375
33.0	27.1767	0.95839	36.4	30.1273	0.95360
33.1	27.2628	0.95826	36.5	30.2149	0.95345
33.2	27.3491	0.95812	36.6	30.3024	0.95330
33.3	27.4355	0.95768	36.7	30.3900	0.95315
33.4	27.5217	0.95785	36.8	30.4773	0.95301
33.5	27.6078	0.95772	36.9	30.5649	0.95286
33.6	27.6943	0.95758	37.0	30.6525	0.95271
33.7	27.7807	0.95744	37.1	30.7402	0.95256
33.8	27.8670	0.95731	37.2	30.8279	0.95241
33.9	27.9532	0.95718	37.3	30.9160	0.95225
34.0	28.0398	0.95704	37.4	31.0038	0.95210
34.1	28.1264	0.95690	37.5	31.0916	0.95195
34.2	28.2130	0.95676	37.6	31.1794	0.95180
34.3	28.2996	0.95662	37.7	31.2673	0.95165
34.4	28.3863	0.95648	37.8	31.3555	0.95149
34.5	28.4729	0.95634	37.9	31.4434	0.95134
34.6	28.5600	0.95619	38.0	31.5313	0.95119
34.7	28.6467	0.95605	38.1	31.6193	0.95104
34.8	28.7335	0.95591	38.2	31.7076	0.95088
34.9	28.8202	0.95577	38.3	31.7959	0.95072
35.0	28.9071	0.95563	38.4	31.8840	0.95057
35.1	28.9939	0.95549	38.5	31.9721	0.95042
35.2	29.0811	0.95535	38.6	32.0605	0.95026
35.3	29.1680	0.95520	38.7	32.1490	0.95010
35.4	29.2552	0.95505	38.8	32.2371	0.94995
35.5	29.3421	0.95491	38.9	32.3254	0.94980
35.6	29.4291	0.95477	39.0	32.4139	0.94964
35.7	29.5164	0.95462	39.1	32.5025	0.94948

续表

体积分数/%	质量分数/%	密度/(g/mL)	体积分数/%	质量分数/%	密度/(g/mL)
39.2	32.5911	0.94932	42.6	35.6262	0.94377
39.3	32.6794	0.94917	42.7	35.7162	0.94360
39.4	32.7681	0.94901	42.8	35.8063	0.94343
39.5	32.8568	0.94885	42.9	35.8964	0.94326
39.6	32.9455	0.94869	43.0	35.9866	0.94309
39.7	33.0343	0.94853	43.1	36.0768	0.94292
39.8	33.1227	0.94838	43.2	36.1674	0.94274
39.9	33.2116	0.94822	43.3	36.2581	0.94256
40.0	33.3004	0.94806	43.4	36.3483	0.94239
40.1	33.3893	0.94790	43.5	36.4387	0.94222
40.2	33.4782	0.94774	43.6	36.5294	0.94204
40.3	33.5675	0.94757	43.7	36.6202	0.94186
40.4	33.6565	0.94741	43.8	36.7106	0.94169
40.5	33.7455	0.94725	43.9	36.8011	0.94152
40.6	33.8345	0.94709	44.0	36.8920	0.94134
40.7	33.9236	0.94693	44.1	36.9829	0.94116
40.8	34.0131	0.94676	44.2	37.0738	0.94098
40.9	34.1022	0.94660	44.3	37.1644	0.94081
41.0	34.1914	0.94644	44.4	37.2554	0.94063
41.1	34.2805	0.94628	44.5	37.3465	0.94045
41.2	34.3701	0.94611	44.6	37.4376	0.94027
41.3	34.4597	0.94594	44.7	37.5287	0.94009
41.4	34.5490	0.94578	44.8	37.6195	0.93992
41.5	34.6383	0.94562	44.9	37.7107	0.93974
41.6	34.7280	0.94545	45.0	37.8019	0.93956
41.7	34.8178	0.94528	45.1	37.8932	0.93938
41.8	34.9027	0.94512	45.2	37.9845	0.93920
41.9	34.9966	0.94496	45.3	38.0758	0.93902
42.0	35.0865	0.94479	45.4	38.1672	0.93884
42.1	35.1763	0.94462	45.5	38.2586	0.93866
42.2	35.2662	0.94445	45.6	38.3540	0.93847
42.3	35.3562	0.94428	45.7	38.4419	0.93829
42.4	35.4461	0.94411	45.8	38.5334	0.93811
42.5	35.5361	0.94394	45.9	38.6249	0.93793

续表

体积分数/%	质量分数/%	密度/(g/mL)	体积分数/%	质量分数/%	密度/(g/mL)
46.0	38.7165	0.93775	49.4	41.8639	0.93135
46.1	38.8081	0.93757	49.5	41.9572	0.93116
46.2	38.9002	0.93738	49.6	42.0505	0.93097
46.3	38.9919	0.93720	49.7	42.1444	0.93077
46.4	39.0840	0.93701	49.8	42.2378	0.93058
46.5	39.1758	0.93683	49.9	42.3317	0.93038
46.6	39.2676	0.93665	50.0	42.4252	0.93019
46.7	39.3598	0.93646	50.1	42.5192	0.92999
46.8	39.4517	0.93628	50.2	42.6128	0.92980
46.9	39.5440	0.93609	50.3	42.7068	0.92960
47.0	39.6360	0.93591	50.4	42.8010	0.92940
47.1	39.7284	0.93572	50.5	42.8947	0.92920
47.2	39.8204	0.93554	50.6	42.9888	0.92901
47.3	39.9128	0.93535	50.7	43.0831	0.92881
47.4	40.0053	0.93516	50.8	43.1773	0.92861
47.5	40.0975	0.93498	50.9	43.2721	0.92842
47.6	40.1900	0.93479	51.0	43.3656	0.92822
47.7	40.2827	0.93460	51.1	43.4599	0.92802
47.8	40.3753	0.93441	51.2	43.5544	0.92782
47.9	40.4676	0.93423	51.3	43.6489	0.92762
48.0	40.5603	0.93404	51.4	43.7434	0.92742
48.1	40.6531	0.93385	51.5	43.8379	0.92722
48.2	40.7459	0.93366	51.6	43.9330	0.92701
48.3	40.8387	0.93347	51.7	44.0276	0.92681
48.4	40.9316	0.93328	51.8	44.1223	0.92661
48.5	41.0250	0.93308	51.9	44.2170	0.92641
48.6	41.1179	0.93289	52.0	44.3118	0.92621
48.7	41.2109	0.93270	52.1	44.4066	0.92601
48.8	41.3040	0.93251	52.2	44.5019	0.92580
48.9	41.3971	0.93232	52.3	44.5968	0.92560
49.0	41.4902	0.93213	52.4	44.6918	0.92540
49.1	41.5833	0.93194	52.5	44.7867	0.92520
49.2	41.6770	0.93174	52.6	44.8822	0.92499
49.3	41.7702	0.93155	52.7	44.9773	0.92479

续表

体积分数/%	质量分数/%	密度/(g/mL)	体积分数/%	质量分数/%	密度/(g/mL)
52.8	45.0724	0.92459	56.2	48.3471	0.91747
52.9	45.1680	0.92438	56.3	48.4442	0.91726
53.0	45.2632	0.92418	56.4	48.5419	0.91704
53.1	45.3589	0.92397	56.5	48.6391	0.91683
53.2	45.4541	0.92377	56.6	48.7363	0.91662
53.3	45.5499	0.92356	56.7	48.8341	0.91640
53.4	45.6453	0.92339	56.8	48.9315	0.91619
53.5	45.7412	0.92315	56.9	49.0294	0.91597
53.6	45.8371	0.92294	57.0	49.1268	0.91576
53.7	45.9325	0.92274	57.1	49.2248	0.91554
53.8	46.0286	0.92253	57.2	49.3229	0.91532
53.9	46.1241	0.92233	57.3	49.4205	0.91511
54.0	46.2202	0.92212	57.4	49.5186	0.91489
54.1	46.3164	0.92191	57.5	49.6168	0.91467
54.2	46.4125	0.92170	57.6	49.7151	0.91445
54.3	46.5088	0.92149	57.7	49.8134	0.91423
54.4	46.6050	0.92128	57.8	49.9112	0.91402
54.5	46.7008	0.92108	57.9	50.0096	0.91380
54.6	46.7972	0.92087	58.0	50.1080	0.91358
54.7	46.8936	0.92066	58.1	50.2065	0.91336
54.8	46.9901	0.92045	58.2	50.3050	0.91314
54.9	47.0865	0.92024	58.3	50.4036	0.91292
55.0	47.1831	0.92003	58.4	50.5022	0.91270
55.1	47.2797	0.91982	58.5	50.6009	0.91248
55.2	47.3768	0.91960	58.6	50.6996	0.91226
55.3	47.4735	0.91939	58.7	50.7984	0.91204
55.4	47.5702	0.91918	58.8	50.8972	0.91182
55.5	47.6675	0.91896	58.9	50.9961	0.91160
55.6	47.7643	0.91875	59.0	51.0950	0.91138
55.7	47.8611	0.91854	59.1	51.1939	0.91116
55.8	47.9580	0.91833	59.2	51.2929	0.91094
55.9	48.0555	0.91811	59.3	51.3926	0.91071
56.0	48.1524	0.91790	59.4	51.4917	0.91049
56.1	48.2495	0.91769	59.5	51.5908	0.91027

续表

体积分数/%	质量分数/%	密度/(g/mL)	体积分数/%	质量分数/%	密度/(g/mL)
59.6	51.6900	0.91005	63.0	55.1068	0.90232
59.7	51.7893	0.90983	63.1	55.2084	0.90209
59.8	51.8891	0.90960	63.2	55.3106	0.90185
59.9	51.9885	0.90938	63.3	55.4122	0.90162
60.0	52.0879	0.90916	63.4	55.5139	0.90139
60.1	52.1873	0.90894	63.5	55.6157	0.90116
60.2	52.2874	0.90871	63.6	55.7181	0.90092
60.3	52.3875	0.90848	63.7	55.8200	0.90069
60.4	52.4871	0.90826	63.8	55.9219	0.90046
60.5	52.5867	0.90804	63.9	56.0245	0.90022
60.6	52.6870	0.90781	64.0	56.1265	0.89999
60.7	52.7873	0.90758	64.1	56.2286	0.89976
60.8	52.8871	0.90736	64.2	56.3313	0.89952
60.9	52.9869	0.90714	64.3	56.4341	0.89928
61.0	53.0874	0.90691	64.4	56.5363	0.89905
61.1	53.1879	0.90668	64.5	56.6386	0.89882
61.2	53.2885	0.90645	64.6	56.7416	0.89858
61.3	53.3885	0.90623	64.7	56.8446	0.89834
61.4	53.4892	0.90600	64.8	56.9470	0.89811
61.5	53.5899	0.90577	64.9	57.0495	0.89788
61.6	53.6907	0.90554	65.0	57.1527	0.89764
61.7	53.7915	0.90531	65.1	57.2559	0.89740
61.8	53.8918	0.90509	65.2	57.3592	0.89716
61.9	53.9927	0.90486	65.3	57.4619	0.89693
62.0	54.0937	0.90463	65.4	57.5653	0.89669
62.1	54.1947	0.90440	65.5	57.6688	0.89645
62.2	54.2958	0.90417	65.6	57.7723	0.89621
62.3	54.3969	0.90394	65.7	57.8759	0.89597
62.4	54.4981	0.90371	65.8	57.9788	0.89574
62.5	54.5993	0.90348	65.9	58.0825	0.89550
62.6	54.7012	0.90324	66.0	58.1862	0.89526
62.7	54.8025	0.90301	66.1	58.2900	0.89502
62.8	54.9039	0.90278	66.2	58.3939	0.89478
62.9	55.0054	0.90255	66.3	58.4978	0.89454

续表

体积分数/%	质量分数/%	密度/(g/mL)	体积分数/%	质量分数/%	密度/(g/mL)
66.4	58.6017	0.89430	69.8	62.1788	0.88601
66.5	58.7057	0.89406	69.9	62.2855	0.88576
66.6	58.8098	0.89382	70.0	62.3922	0.88551
66.7	58.9139	0.89358	70.1	62.4990	0.88526
66.8	59.0181	0.89334	70.2	62.6058	0.88501
66.9	59.1223	0.89310	70.3	62.7127	0.88476
67.0	59.2266	0.89286	70.4	62.8196	0.88451
67.1	59.3310	0.89262	70.5	62.9267	0.88426
67.2	59.4354	0.89238	70.6	63.0330	0.88402
67.3	59.5398	0.89214	70.7	63.1402	0.88377
67.4	59.6444	0.89190	70.8	63.2474	0.88352
67.5	59.7489	0.89166	70.9	63.3546	0.88327
67.6	59.8542	0.89141	71.0	63.4619	0.88302
67.7	59.9589	0.89117	71.1	63.5693	0.88277
67.8	60.0636	0.89093	71.2	63.6768	0.88252
67.9	60.1684	0.89069	71.3	63.7843	0.88227
68.0	60.2733	0.89045	71.4	63.8918	0.88202
68.1	60.3787	0.89020	71.5	64.0002	0.88176
68.2	60.4839	0.88996	71.6	64.1079	0.88151
68.3	60.5896	0.88971	71.7	64.2156	0.88126
68.4	60.6946	0.88947	71.8	64.3234	0.88101
68.5	60.8005	0.88922	71.9	64.4313	0.88076
68.6	60.9064	0.88897	72.0	64.5329	0.88051
68.7	61.0116	0.88873	72.1	64.6472	0.88026
68.8	61.1176	0.88848	72.2	64.7560	0.88000
68.9	61.2230	0.88824	72.3	64.8640	0.87974
69.0	61.3291	0.88799	72.4	64.9731	0.87949
69.1	61.4353	0.88774	72.5	65.0813	0.87924
69.2	61.5415	0.88749	72.6	65.1903	0.87898
69.3	61.6471	0.88725	72.7	65.2994	0.87872
69.4	61.7535	0.88700	72.8	65.4079	0.87847
69.5	61.8599	0.88675	72.9	65.5164	0.87822
69.6	61.9664	0.88650	73.0	65.6257	0.87796
69.7	62.0729	0.88625	73.1	65.7350	0.87770

续表

体积分数/%	质量分数/%	密度/(g/mL)	体积分数/%	质量分数/%	密度/(g/mL)
73. 2	65. 8445	0. 87744	76. 6	69. 6073	0. 86856
73. 3	65. 9532	0. 87719	76. 7	69. 7190	0. 86830
73. 4	66. 0628	0. 87693	76. 8	69. 8316	0. 86803
73. 5	66. 1724	0. 87667	76. 9	69. 9443	0. 86776
73. 6	66. 2821	0. 87641	77. 0	70. 0562	0. 86750
73. 7	66. 3918	0. 87615	77. 1	70. 1691	0. 86723
73. 8	66. 5009	0. 87590	77. 2	70. 2820	0. 86696
73. 9	66. 6108	0. 87564	77. 3	70. 3949	0. 86669
74. 0	66. 7207	0. 87538	77. 4	70. 5079	0. 86642
74. 1	66. 8307	0. 87512	77. 5	70. 6210	0. 86615
74. 2	66. 9408	0. 87486	77. 6	70. 7342	0. 86588
74. 3	67. 0510	0. 87460	77. 7	70. 8475	0. 86561
74. 4	67. 1612	0. 87434	77. 8	70. 9608	0. 86534
74. 5	67. 2714	0. 87408	77. 9	71. 0742	0. 86507
74. 6	67. 3825	0. 87381	78. 0	71. 1876	0. 86480
74. 7	67. 4930	0. 87355	78. 1	71. 3012	0. 86453
74. 8	67. 6034	0. 87329	78. 2	71. 4156	0. 86425
74. 9	67. 7140	0. 87303	78. 3	71. 5292	0. 86398
75. 0	67. 8246	0. 87277	78. 4	71. 6430	0. 86371
75. 1	67. 9352	0. 87251	78. 5	71. 7568	0. 86344
75. 2	68. 0460	0. 87225	78. 6	71. 8715	0. 86316
75. 3	68. 1576	0. 87198	78. 7	71. 9855	0. 86289
75. 4	68. 2684	0. 87172	78. 8	72. 0995	0. 86262
75. 5	68. 3794	0. 87146	78. 9	72. 2144	0. 86234
75. 6	68. 4904	0. 87120	79. 0	72. 3286	0. 86207
75. 7	68. 6014	0. 87094	79. 1	72. 4429	0. 86180
75. 8	68. 7134	0. 87067	79. 2	72. 5580	0. 86152
75. 9	68. 8246	0. 87041	79. 3	72. 6724	0. 86124
76. 0	68. 9358	0. 87015	79. 4	72. 7877	0. 86097
76. 1	69. 0472	0. 86989	79. 5	72. 9022	0. 86070
76. 2	69. 1594	0. 86962	79. 6	73. 0177	0. 86042
76. 3	69. 2708	0. 86936	79. 7	73. 1332	0. 86014
76. 4	69. 3832	0. 86909	79. 8	73. 2480	0. 85987
76. 5	69. 4955	0. 86882	79. 9	73. 3628	0. 85960

续表

体积分数/%	质量分数/%	密度/(g/mL)	体积分数/%	质量分数/%	密度/(g/mL)
80.0	73.4786	0.85932	83.4	77.4723	0.84866
80.1	73.5944	0.85904	83.5	77.5926	0.84936
80.2	73.7103	0.85876	83.6	77.7121	0.84907
80.3	73.8263	0.85848	83.7	77.8316	0.84878
80.4	73.9423	0.85820	83.8	77.9512	0.84849
80.5	74.0585	0.85792	83.9	78.0709	0.84820
80.6	74.1738	0.85765	84.0	78.1907	0.84791
80.7	74.2901	0.85737	84.1	78.3115	0.84761
80.8	74.4064	0.85709	84.2	78.4314	0.84732
80.9	74.5229	0.85681	84.3	78.5524	0.84702
81.0	74.6394	0.85653	84.4	78.6725	0.84673
81.1	74.7560	0.85625	84.5	78.7937	0.84643
81.2	74.8735	0.85596	84.6	78.9149	0.84613
81.3	74.9902	0.85568	84.7	79.0352	0.84584
81.4	75.1079	0.85539	84.8	79.1566	0.84554
81.5	75.2248	0.85511	84.9	79.2772	0.84525
81.6	75.3418	0.85483	85.0	79.3987	0.84495
81.7	75.4597	0.85454	85.1	79.5204	0.84465
81.8	75.5769	0.85426	85.2	79.6421	0.84435
81.9	75.6949	0.85397	85.3	79.7639	0.84405
82.0	75.8122	0.85369	85.4	79.8858	0.84375
82.1	75.9305	0.85340	85.5	80.0088	0.84344
82.2	76.0479	0.85312	85.6	80.1308	0.84314
82.3	76.1663	0.85283	85.7	80.2530	0.84284
82.4	76.2848	0.85254	85.8	80.3753	0.84254
82.5	76.4025	0.85226	85.9	80.4976	0.84224
82.6	76.5211	0.85197	86.0	80.6200	0.84194
82.7	76.6399	0.85168	86.1	80.7435	0.84163
82.8	76.7587	0.85139	86.2	80.8661	0.84133
82.9	76.8767	0.85111	86.3	80.9898	0.84102
83.0	76.9956	0.85082	86.4	81.1135	0.84071
83.1	77.1147	0.85053	86.5	81.2373	0.84040
83.2	77.2338	0.85024	86.6	81.3603	0.84010
83.3	77.3530	0.84995	86.7	81.4843	0.83979

续表

体积分数/%	质量分数/%	密度/(g/mL)	体积分数/%	质量分数/%	密度/(g/mL)
86.8	81.6084	0.83948	90.2	85.9196	0.82859
86.9	81.7316	0.83918	90.3	86.0502	0.82825
87.0	81.8559	0.83887	90.4	86.1798	0.82792
87.1	81.9803	0.83856	90.5	86.3106	0.82758
87.2	82.1058	0.83824	90.6	86.4415	0.82724
87.3	82.2303	0.83793	90.7	86.5714	0.82691
87.4	82.3550	0.83762	90.8	86.7025	0.82657
87.5	82.4807	0.83730	90.9	86.8327	0.82624
87.6	82.6056	0.83699	91.0	86.9640	0.82590
87.7	82.7305	0.83668	91.1	87.0954	0.82556
87.8	82.8556	0.83637	91.2	87.2280	0.82521
87.9	82.9817	0.83605	91.3	87.3596	0.82487
88.0	83.1069	0.83574	91.4	87.4914	0.82453
88.1	83.2332	0.83542	91.5	87.6243	0.82418
88.2	83.3596	0.83510	91.6	87.7563	0.82384
88.3	83.4861	0.83478	91.7	87.8884	0.82350
88.4	83.6127	0.83446	91.8	88.0205	0.82316
88.5	83.7394	0.83414	91.9	88.1539	0.82281
88.6	83.8662	0.83382	92.0	88.2863	0.82247
88.7	83.9931	0.83350	92.1	88.4199	0.82212
88.8	84.1201	0.83318	92.2	88.5547	0.82176
88.9	84.2472	0.83286	92.3	88.6885	0.82141
89.0	84.3744	0.83254	92.4	88.8235	0.82105
89.1	84.5027	0.83221	92.5	88.9576	0.82070
89.2	84.6311	0.83188	92.6	89.0917	0.82035
89.3	84.7585	0.83156	92.7	89.2271	0.81999
89.4	84.8871	0.83123	92.8	89.3615	0.81964
89.5	85.0159	0.83090	92.9	89.4971	0.81928
89.6	85.1447	0.83057	93.0	89.6317	0.81893
89.7	85.2736	0.83024	93.1	89.7687	0.81856
89.8	85.4016	0.82992	93.2	89.9046	0.81820
89.9	85.5307	0.82959	93.3	90.0418	0.81783
90.0	85.6599	0.82926	93.4	90.1791	0.81746
90.1	85.7902	0.82892	93.5	90.3154	0.81710

续表

体积分数/%	质量分数/%	密度/(g/mL)	体积分数/%	质量分数/%	密度/(g/mL)
93.6	90.4530	0.81673	96.9	95.1543	0.80375
93.7	90.5907	0.81636	97.0	95.3011	0.80334
93.8	90.7285	0.81599	97.1	95.4516	0.80290
93.9	90.8653	0.81563	97.2	95.6011	0.80247
94.0	91.0033	0.81526	97.3	95.7520	0.80203
94.1	91.1426	0.81488	97.4	95.9030	0.80159
94.2	91.2821	0.81450	97.5	96.0530	0.80116
94.3	91.4227	0.81411	97.6	96.2044	0.80072
94.4	91.5624	0.81373	97.7	96.3559	0.80028
94.5	91.7022	0.81335	97.8	96.5076	0.79984
94.6	91.8422	0.81297	97.9	96.6582	0.79941
94.7	91.9823	0.81259	98.0	96.8102	0.79897
94.8	92.1236	0.81220	98.1	96.9660	0.79850
94.9	92.2640	0.81182	98.2	97.1208	0.79804
95.0	92.4044	0.81144	98.3	97.2770	0.79757
95.1	92.5473	0.81104	98.4	97.4322	0.79711
95.2	92.6892	0.81065	98.5	97.5887	0.79664
95.3	92.8324	0.81025	98.6	97.7455	0.79617
95.4	92.9745	0.80986	98.7	97.9012	0.79571
95.5	93.1180	0.80946	98.8	98.0583	0.79524
95.6	93.2616	0.80906	98.9	98.2144	0.79478
95.7	93.4042	0.80867	99.0	98.3718	0.79431
95.8	93.5480	0.80827	99.1	98.5332	0.79381
95.9	93.6909	0.80788	99.2	98.6961	0.79330
96.0	93.8350	0.80748	99.3	98.8579	0.79280
96.1	93.9805	0.80707	99.4	99.0811	0.79229
96.2	94.1273	0.80665	99.5	99.1833	0.79179
96.3	94.2730	0.80624	99.6	99.3457	0.79129
96.4	94.4201	0.80582	99.7	99.5096	0.79078
96.5	94.5662	0.80541	99.8	99.6725	0.79028
96.6	94.7124	0.80500	99.9	99.8368	0.78977
96.7	94.8599	0.80458	100.0	100.00	0.78927
96.8	95.0064	0.80417			

附录二　酒精计温度浓度换算表

酒精计温度浓度换算表

单位：%

溶液温度/℃	酒精计读数											
	100		99		98		97		96		95	
	温度在20℃时用体积百分数或质量百分数表示酒精度											
	体积分数	质量分数	体积分数	质量分数	体积分数	质量分数	体积分数	质量分数	体积分数	质量分数	体积分数	质量分数
40	96.6	95.7369	95.3	94.1270	94.0	92.528	92.6	90.8181	91.6	89.6043	90.4	88.1561
39	96.8	95.9856	95.4	94.2505	94.2	92.7612	92.8	91.0616	91.8	89.8466	90.6	88.3968
38	96.9	96.1100	95.6	94.4976	94.4	93.0071	93.0	91.3054	92.0	90.0891	90.9	88.7584
37	97.1	96.3591	95.8	94.7449	94.6	93.2533	93.3	91.6715	92.3	90.4533	91.1	88.9998
36	97.3	96.6084	96.0	94.9925	94.8	93.4998	93.5	91.9159	92.5	90.6964	91.3	89.2414
35	97.4	96.7331	96.2	95.2404	95.0	93.7465	93.7	92.1605	92.7	90.9398	91.6	89.6043
34	97.6	96.9828	96.3	95.3644	95.2	93.9935	93.9	92.4054	92.9	91.1834	91.8	89.8466
33	97.8	97.2328	96.5	95.6127	95.4	94.2407	94.1	92.6506	93.1	91.4273	92.0	90.0891
32	98.0	97.4831	96.7	95.8612	95.6	94.4882	94.4	93.0188	93.4	91.7936	92.2	90.3318
31	98.1	97.6083	96.9	96.1100	95.8	94.7359	94.6	93.2646	93.6	92.0382	92.5	90.6964
30	98.3	97.8589	97.1	96.3591	96.0	94.9839	94.8	93.5107	93.8	92.2830	92.7	90.9398

续表

溶液温度/℃	酒精计读数											
	100		99		98		97		96		95	
	温度在20℃时用体积百分数或质量百分数表示酒精度											
	体积分数	质量分数	体积分数	质量分数	体积分数	质量分数	体积分数	质量分数	体积分数	质量分数	体积分数	质量分数
29	98.4	97.9843	97.3	96.6084	96.2	95.2322	95.1	93.8803	94.0	92.5280	92.9	91.1834
28	98.6	98.2353	97.5	96.8580	96.4	95.4808	95.3	94.1270	94.2	92.7733	93.1	91.4273
27	98.8	98.4866	97.7	97.1078	96.6	95.7296	95.5	94.3740	94.5	93.1417	93.4	91.7936
26	99.0	98.7382	97.9	97.3579	96.8	95.9786	95.8	94.7449	94.7	93.3876	93.6	92.0382
25	99.2	98.9900	98.1	97.6083	97.0	96.2280	96.0	94.9925	94.9	93.6338	93.9	92.4054
24	99.3	99.1160	98.3	97.8589	97.2	96.4776	96.2	95.2404	95.1	93.8803	94.1	92.6506
23	99.5	99.3683	98.5	98.1098	97.4	96.7274	96.4	95.4885	95.4	94.2505	94.3	92.8960
22	99.7	99.6208	98.6	98.2353	97.6	96.9776	96.6	95.7369	95.6	94.4976	94.6	93.2646
21	99.8	99.7471	98.8	98.4866	97.8	97.2280	96.8	95.9856	95.8	94.7449	94.8	93.5107
20	100.0	100.0000	99.0	98.7382	98.0	97.4786	97.0	96.2345	96.0	94.9925	95.0	93.7570
19			99.2	98.9900	98.2	97.7296	97.2	96.4837	96.2	95.2404	95.2	94.0036
18			99.3	99.1160	98.3	97.8551	97.4	96.7331	96.4	95.4885	95.4	94.2505
17			99.5	99.3683	98.5	98.1065	97.6	96.9828	96.6	95.7369	95.6	94.4976
16			99.7	99.6208	98.7	98.3581	97.8	97.2328	96.8	95.9856	95.9	94.8687
15			99.8	99.7471	98.9	98.6099	98.0	97.4831	97.0	96.2345	96.1	95.1164
14			100.0	100.0000	99.1	98.8621	98.1	97.6083	97.2	96.4837	96.3	95.3644
13					99.2	98.9882	98.3	97.8589	97.4	96.7331	96.5	95.6127
12					99.4	99.2408	98.5	98.1098	97.6	96.9828	96.7	95.8612
11					99.6	99.4936	98.7	98.3610	97.8	97.2328	96.9	96.1100

10					99.7	99.6201	98.9	98.6124	98.0	97.4831	97.1	96.3591
9					99.9	99.8733	99.0	98.7382	98.2	97.7336	97.3	96.6084
8							99.2	98.9900	98.3	97.8589	97.5	96.8580
7							99.3	99.1160	98.5	98.1098	97.6	96.9828
6							99.4	99.2421	98.7	98.3610	97.8	97.2328
5							99.5	99.3683	98.9	98.6124	98.0	97.4831
4							99.7	99.6208	99.0	98.7382	98.2	97.7336
3							99.8	99.7471	99.2	98.9900	98.4	97.9843
2							100.0	100.0000	99.4	99.2421	98.5	98.1098
1									99.5	99.3683	98.7	98.3610
0									99.7	99.6208	98.9	98.6124

溶液温度/℃	酒精计读数											
	94		93		92		91		90		89	
	温度在20℃时用体积百分数或质量百分数表示酒精度											
	体积分数	质量分数	体积分数	质量分数	体积分数	质量分数	体积分数	质量分数	体积分数	质量分数	体积分数	质量分数
40	89.2	86.7168	88.0	85.2864	86.8	83.8648	85.8	82.6868	84.5	81.1643	83.4	79.8840
39	89.4	86.9561	88.2	85.5242	87.1	84.2194	86.1	83.0396	84.8	81.5148	83.7	80.2325
38	89.7	87.3154	88.5	85.8813	87.3	84.4561	86.3	83.2750	85.1	81.8658	84.0	80.5815
37	89.9	87.5553	88.8	86.2390	87.6	84.8116	86.6	83.6287	85.3	82.1000	84.3	80.9310
36	90.2	87.9156	89.0	86.4778	87.8	85.0489	86.8	83.8648	85.6	82.4519	84.6	81.2811
35	90.4	88.1561	89.2	86.7168	88.1	85.4053	87.1	84.2194	85.9	82.8043	84.8	81.5148
34	90.6	88.3968	89.5	87.0758	88.2	85.5242	87.4	84.5745	86.2	83.1573	85.0	81.7487
33	90.9	88.7584	89.8	87.4353	88.6	86.0005	87.6	84.8116	86.5	83.5108	85.1	81.8658
32	91.1	88.9998	90.0	87.6753	88.9	86.3584	87.9	85.1676	86.7	83.7467	85.4	82.2173

续表

溶液温度/℃	酒精计读数											
	94		93		92		91		90		89	
	温度在20℃时用体积百分数或质量百分数表示酒精度											
	体积分数	质量分数	体积分数	质量分数	体积分数	质量分数	体积分数	质量分数	体积分数	质量分数	体积分数	质量分数
31	91. 4	89. 3623	90. 2	87. 9156	89. 1	86. 5973	88. 1	85. 4053	87. 0	84. 1011	85. 7	82. 5693
30	91. 6	89. 6043	90. 5	88. 2764	89. 4	86. 9561	88. 4	85. 7622	87. 3	84. 4561	86. 0	82. 9219
29	91. 8	89. 8466	90. 8	88. 6378	89. 7	87. 3154	88. 6	86. 0005	87. 6	84. 8116	86. 3	83. 2750
28	92. 1	90. 2104	91. 1	88. 9998	90. 0	87. 6753	88. 9	86. 3584	87. 9	85. 1676	86. 5	83. 5108
27	92. 3	90. 4533	91. 3	89. 2414	90. 2	87. 9156	89. 2	86. 7168	88. 1	85. 4053	86. 8	83. 8648
26	92. 6	90. 8181	91. 5	89. 4833	90. 5	88. 2764	89. 4	86. 9561	88. 4	85. 7622	87. 1	84. 2194
25	92. 8	91. 0616	91. 8	89. 8466	90. 7	88. 5173	89. 7	87. 3154	88. 7	86. 1197	87. 4	84. 5745
24	93. 1	91. 4273	92. 0	90. 0891	91. 0	88. 8791	90. 0	87. 6753	89. 0	86. 4778	87. 7	84. 9302
23	93. 3	91. 6715	92. 3	90. 4533	91. 3	89. 2414	90. 2	87. 9156	89. 2	86. 7168	88. 0	85. 2864
22	93. 5	91. 9159	92. 5	90. 6964	91. 5	89. 4833	90. 5	88. 2764	89. 5	87. 0758	88. 4	85. 7622
21	93. 8	92. 2830	92. 8	91. 0616	91. 8	89. 8466	90. 7	88. 5173	89. 7	87. 3154	88. 7	86. 1197
20	94. 0	92. 5280	93. 0	91. 3054	92. 0	90. 0891	91. 0	88. 8791	90. 0	87. 6753	89. 0	86. 4778
19	94. 2	92. 7733	93. 2	91. 5494	92. 2	90. 3318	91. 2	89. 1206	90. 3	88. 0358	89. 3	86. 8364
18	94. 4	93. 0188	93. 5	91. 9159	92. 5	90. 6964	91. 5	89. 4833	90. 6	88. 3968	89. 5	87. 0758
17	94. 6	93. 2646	93. 7	92. 1605	92. 7	90. 9398	91. 7	89. 7254	90. 8	88. 6378	89. 8	87. 4353
16	94. 9	93. 6338	93. 9	92. 4054	93. 0	91. 3054	92. 0	90. 0891	91. 0	88. 8791	90. 0	87. 6753
15	95. 1	93. 8803	94. 2	92. 7733	93. 2	91. 5494	92. 2	90. 3318	91. 3	89. 2414	90. 3	88. 0358
14	95. 3	94. 1270	94. 3	92. 8960	93. 4	91. 7936	92. 5	90. 6964	91. 5	89. 4833	90. 5	88. 2764
13	95. 5	94. 3740	94. 6	93. 2646	93. 6	92. 0382	92. 7	90. 9398	91. 7	89. 7254	90. 8	88. 6378

12	95. 7	94. 6212	94. 8	93. 5107	93. 9	92. 4054	92. 9	91. 1834	92. 0	90. 0891	91. 0	88. 8791
11	96. 0	94. 9925	95. 0	93. 7570	94. 1	92. 6506	93. 2	91. 5494	92. 2	90. 3318	91. 3	89. 2414
10	96. 2	95. 2404	95. 2	94. 0036	94. 3	92. 8960	93. 4	91. 7936	92. 5	90. 6964	91. 5	89. 4833
9	96. 4	95. 4885	95. 5	94. 3740	94. 5	93. 1417	93. 6	92. 0382	92. 7	91. 0616	91. 8	89. 8466
8	96. 6	95. 7369	95. 7	94. 6212	94. 8	93. 5107	93. 9	92. 4054	92. 9	91. 1834	92. 0	90. 0891
7	96. 8	95. 9856	95. 9	94. 8687	95. 0	93. 7570	94. 1	92. 6506	93. 2	91. 5494	92. 2	90. 3318
6	97. 0	96. 2345	96. 1	95. 1164	95. 2	94. 0036	94. 3	92. 8960	93. 4	91. 7936	92. 5	90. 6964
5	97. 1	96. 3591	96. 3	95. 3644	95. 4	94. 2505	94. 5	93. 1417	93. 6	92. 0382	92. 7	90. 9398
4	97. 3	96. 6084	96. 5	95. 6127	95. 6	94. 4976	94. 7	93. 3876	93. 8	92. 2830	92. 9	91. 1834
3	97. 5	96. 8580	96. 7	95. 8612	95. 8	94. 7449	94. 9	93. 6338	94. 1	92. 6506	93. 2	91. 5494
2	97. 7	97. 1078	96. 9	96. 1100	96. 0	94. 9925	95. 1	93. 8803	94. 3	92. 8960	93. 4	91. 7936
1	97. 9	97. 3579	97. 0	96. 2345	96. 2	95. 2404	95. 3	94. 1270	94. 5	93. 1417	93. 6	92. 0382
0	98. 1	97. 6083	97. 2	96. 4837	96. 4	95. 4885	95. 7	94. 6212	94. 7	93. 3876	93. 8	92. 2830

溶液温度/℃	酒精计读数											
	88		87		86		85		84		83	
	温度在20℃时用体积百分数或质量百分数表示酒精度											
	体积分数	质量分数	体积分数	质量分数	体积分数	质量分数	体积分数	质量分数	体积分数	质量分数	体积分数	质量分数
40	82. 3	78. 6107	81. 3	77. 4594	80. 1	76. 0854	79. 1	74. 9468	78. 0	73. 7009	76. 9	72. 4618
39	82. 6	78. 9573	81. 6	77. 8042	80. 4	76. 4281	79. 4	75. 2878	78. 3	74. 0400	77. 2	72. 7991
38	82. 9	79. 3043	81. 9	78. 1495	80. 7	76. 7714	79. 7	75. 6293	78. 6	74. 3796	77. 5	73. 1368
37	83. 2	79. 6519	82. 2	78. 4953	81. 0	77. 1151	80. 0	75. 9713	78. 9	74. 7197	77. 8	73. 4751
36	83. 5	80. 0001	82. 5	78. 8417	81. 3	77. 4594	80. 3	76. 3138	79. 2	75. 0604	78. 1	73. 8139
35	83. 8	80. 3487	82. 8	79. 1886	81. 6	77. 8042	80. 6	76. 6569	79. 5	75. 4016	78. 4	74. 1531
34	84. 0	80. 5815	83. 0	79. 4202	81. 9	78. 1495	80. 9	77. 0005	79. 8	75. 7432	78. 7	74. 4929

续表

溶液温度/℃	酒精计读数											
	88		87		86		85		84		83	
	温度在20℃时用体积百分数或质量百分数表示酒精度											
	体积分数	质量分数	体积分数	质量分数	体积分数	质量分数	体积分数	质量分数	体积分数	质量分数	体积分数	质量分数
33	84.3	80.9310	83.3	79.7679	82.2	78.4953	81.2	77.3446	80.1	76.0854	79.1	74.9468
32	84.6	81.2811	83.6	80.1162	82.5	78.8417	81.5	77.6892	80.4	76.4281	79.4	75.2878
31	84.9	81.6317	83.9	80.4651	82.8	79.1886	81.8	78.0343	80.7	76.7714	79.7	75.6293
30	85.2	81.9829	84.2	80.8144	83.1	79.5360	82.1	78.3800	81.0	77.1151	80.0	75.9713
29	85.6	82.4519	84.4	81.0476	83.4	79.8840	82.4	78.7262	81.3	77.4594	80.3	76.3138
28	85.8	82.6868	84.7	81.3979	83.7	80.2325	82.7	79.0729	81.6	77.8042	80.6	76.6569
27	86.1	83.0396	85.0	81.7487	84.0	80.5815	83.0	79.4202	81.9	78.1495	80.9	77.0005
26	86.3	83.2750	85.3	82.1000	84.3	80.9310	83.3	79.7679	82.2	78.4953	81.2	77.3446
25	86.6	83.6287	85.6	82.4519	84.6	81.2811	83.6	80.1162	82.5	78.8417	81.5	77.6892
24	86.9	83.9829	85.9	82.8043	84.9	81.6317	83.8	80.3487	82.8	79.1886	81.8	78.0343
23	87.2	84.3377	86.2	83.1573	85.1	81.8658	84.1	80.6979	83.1	79.5360	82.1	78.3800
22	87.4	84.5745	86.4	83.3929	85.2	81.9829	84.4	81.0476	83.4	79.8840	82.4	78.7262
21	87.7	84.9302	86.7	83.7467	85.7	82.5693	84.7	81.3979	83.7	80.2325	82.7	79.0729
20	88.0	85.2864	87.0	84.1011	86.0	82.9219	85.0	81.7487	84.0	80.5815	83.0	79.4202
19	88.3	85.6432	87.3	84.4561	86.3	83.2750	85.3	82.1000	84.3	80.9310	83.3	79.7679
18	88.5	85.8813	87.5	84.6930	86.5	83.5108	85.5	82.3346	84.6	81.2811	83.6	80.1162
17	88.8	86.2390	87.8	85.0489	86.8	83.8648	85.8	82.6868	84.8	81.5148	83.9	80.4651
16	89.0	86.4778	88.1	85.4053	87.1	84.2194	86.1	83.0396	85.1	81.8658	84.2	80.8144
15	89.3	86.8364	88.3	85.6432	87.4	84.5745	86.4	83.3929	85.4	82.2173	84.4	81.0476

14	89.6	87.1956	88.6	86.0005	87.6	84.8116	86.7	83.7467	85.7	82.5693	84.7	81.3979
13	89.8	87.4353	88.9	86.3584	87.9	85.1676	86.9	83.9829	86.0	82.9219	85.0	81.7487
12	90.1	87.7954	89.1	86.5973	88.2	85.5242	87.2	84.3377	86.2	83.1573	85.3	82.1000
11	90.3	88.0358	89.4	86.9561	88.3	85.6432	87.5	84.6930	86.5	83.5108	85.6	82.4519
10	90.6	88.3968	89.6	87.1956	88.7	86.1197	87.7	84.9302	86.8	83.8648	85.8	82.6868
9	90.8	88.6378	89.9	87.5553	89.0	86.4778	88.0	85.2864	87.0	84.1011	86.1	83.0396
8	91.1	88.9998	90.1	87.7954	89.3	86.8364	88.3	85.6432	87.3	84.4561	86.4	83.3929
7	91.3	89.2414	90.4	88.1561	89.5	87.0758	88.5	85.8813	87.6	84.8116	86.6	83.6287
6	91.6	89.6043	90.6	88.3968	89.8	87.4353	88.8	86.2390	87.8	85.0489	86.9	83.9829
5	91.8	89.8466	90.9	88.7584	90.0	87.6753	89.0	86.4778	88.1	85.4053	87.2	84.3377
4	92.0	90.0891	91.1	88.9998	90.3	88.0358	89.3	86.8364	88.4	85.7622	87.4	84.5745
3	92.2	90.3318	91.3	89.2414	90.5	88.2764	89.5	87.0758	88.6	86.0005	87.7	84.9302
2	92.5	90.6964	91.6	89.6043	90.8	88.6378	89.8	87.4353	88.8	86.239	87.9	85.1676
1	92.7	90.9398	91.8	89.8466	91.0	88.8791	90.0	87.6753	89.1	86.5973	88.2	85.5242
0	92.9	91.1834	92.0	90.0891	91.2	89.1206	90.2	87.9156	89.4	86.9561	88.4	85.7622

溶液温度/℃	酒精计读数											
	82		81		80		79		78		77	
	温度在20℃时用体积百分数或质量百分数表示酒精度											
	体积分数	质量分数	体积分数	质量分数	体积分数	质量分数	体积分数	质量分数	体积分数	质量分数	体积分数	质量分数
40	75.9	71.3413	75.0	70.3376	73.8	69.0063	72.8	67.9029	71.6	66.5860	70.6	65.4945
39	76.2	71.6769	75.3	70.6716	74.1	69.3383	73.1	68.2333	71.9	66.9145	70.9	65.8214
38	76.5	72.0129	75.6	71.0062	74.4	69.6709	73.4	68.5642	72.3	67.3532	71.2	66.1488
37	76.8	72.3495	75.9	71.3413	74.7	70.0040	73.7	68.8957	72.6	67.6828	71.6	66.5860
36	77.1	72.6866	76.2	71.6769	74.9	70.2263	74.0	69.2276	72.9	68.0130	71.9	66.9145

续表

溶液温度/℃	酒精计读数											
	82		81		80		79		78		77	
	温度在20℃时用体积百分数或质量百分数表示酒精度											
	体积分数	质量分数	体积分数	质量分数	体积分数	质量分数	体积分数	质量分数	体积分数	质量分数	体积分数	质量分数
35	77.4	73.0242	76.5	72.0129	75.3	70.6716	74.3	69.5600	73.2	68.3436	72.2	67.2435
34	77.8	73.4751	76.8	72.3495	75.7	71.1178	74.7	70.0040	73.6	68.7851	72.5	67.5729
33	78.1	73.8139	77.1	72.6866	76.0	71.4531	75.0	70.3376	73.9	69.1169	72.8	67.9029
32	78.4	74.1531	77.4	73.0242	76.3	71.7888	75.3	70.6716	74.2	69.4492	73.2	68.3436
31	78.7	74.4929	77.7	73.3623	76.6	72.1251	75.6	71.0062	74.6	69.8929	73.5	68.6747
30	79.0	74.8332	78.0	73.7009	76.9	72.4618	75.9	71.3413	74.9	70.2263	73.8	69.0063
29	79.3	75.1741	78.3	74.0400	77.2	72.7991	76.2	71.6769	75.2	70.5602	74.2	69.4492
28	79.6	75.5154	78.6	74.3796	77.6	73.2495	76.5	72.0129	75.5	70.8946	74.5	69.7819
27	79.9	75.8572	78.9	74.7197	77.9	73.5880	76.8	72.3495	75.8	71.2295	74.8	70.1151
26	80.2	76.1996	79.2	75.0604	78.2	73.9269	77.2	72.7991	76.1	71.5649	75.1	70.4489
25	80.5	76.5425	79.5	75.4016	78.5	74.2663	77.5	73.1368	76.4	71.9008	75.4	70.7831
24	80.8	76.8859	79.8	75.7432	78.8	74.6063	77.8	73.4751	76.8	72.3495	75.8	71.2295
23	81.1	77.2298	80.1	76.0854	79.1	74.9468	78.1	73.8139	77.1	72.6866	76.1	71.5649
22	81.4	77.5743	80.4	76.4281	79.4	75.2878	78.4	74.1531	77.4	73.0242	76.4	71.9008
21	81.7	77.9192	80.7	76.7714	79.7	75.6293	78.7	74.4929	77.7	73.3623	76.7	72.2373
20	82.0	78.2647	81.0	77.1151	80.0	75.9713	79.0	74.8332	78.0	73.7009	77.0	72.5742
19	82.3	78.6107	81.3	77.4594	80.3	76.3138	79.3	75.1741	78.3	74.0400	77.3	72.9116
18	82.6	78.9573	81.6	77.8042	80.6	76.6569	79.6	75.5154	78.6	74.3796	77.6	73.2495
17	82.9	79.3043	81.9	78.1495	80.9	77.0005	79.9	75.8572	78.9	74.7197	77.9	73.5880

16	83. 2	79. 6519	82. 2	78. 4953	81. 2	77. 3446	80. 2	76. 1996	79. 2	75. 0604	78. 2	73. 9269
15	83. 4	79. 8840	82. 5	78. 8417	81. 5	77. 6892	80. 5	76. 5425	79. 5	75. 4016	78. 5	74. 2663
14	83. 7	80. 2325	82. 8	79. 1886	81. 8	78. 0343	80. 8	76. 8859	79. 8	75. 7432	78. 8	74. 6063
13	84. 0	80. 5815	83. 1	79. 5360	82. 1	78. 3800	81. 1	77. 2298	80. 1	76. 0854	79. 1	74. 9468
12	84. 3	80. 9310	83. 3	79. 7679	82. 4	78. 7262	81. 4	77. 5743	80. 4	76. 4281	79. 4	75. 2878
11	84. 6	81. 2811	83. 6	80. 1162	82. 7	79. 0729	81. 7	77. 9192	80. 7	76. 7714	79. 7	75. 6293
10	84. 9	81. 6317	83. 9	80. 4651	83. 0	79. 4202	82. 0	78. 2647	81. 0	77. 1151	80. 0	75. 9713
9	85. 2	81. 9829	84. 2	80. 8144	83. 2	79. 6519	82. 3	78. 6107	81. 3	77. 4594	80. 3	76. 3138
8	85. 4	82. 2173	84. 5	81. 1643	83. 5	80. 0001	82. 6	78. 9573	81. 6	77. 8042	80. 6	76. 6569
7	85. 7	82. 5693	84. 8	81. 5148	83. 8	80. 3487	82. 8	79. 1886	81. 9	78. 1495	80. 8	76. 8859
6	86. 0	82. 9219	85. 0	81. 7487	84. 1	80. 6979	83. 1	79. 5360	82. 2	78. 4953	81. 1	77. 2298
5	86. 2	83. 1573	85. 3	82. 1000	84. 3	80. 9310	83. 4	79. 8840	82. 4	78. 7262	81. 2	77. 3446
4	86. 5	83. 5108	85. 6	82. 4519	84. 6	81. 2811	83. 7	80. 2325	82. 7	79. 0729	81. 6	77. 8042
3	86. 8	83. 8648	85. 8	82. 6868	84. 9	81. 6317	84. 0	80. 5815	83. 0	79. 4202	81. 9	78. 1495
2	87. 0	84. 1011	86. 1	83. 0396	85. 2	81. 9829	84. 2	80. 8144	83. 3	79. 7679	82. 4	78. 7262
1	87. 3	84. 4561	86. 4	83. 3929	85. 4	82. 2173	84. 5	81. 1643	83. 6	80. 1162	82. 6	78. 9573
0	87. 5	84. 6930	86. 6	83. 6287	85. 7	82. 5693	84. 8	81. 5148	83. 8	80. 3487	82. 9	79. 3043

溶液温度/℃	酒精计读数											
	76		75		74		73		72		71	
	温度在20℃时用体积百分数或质量百分数表示酒精度											
	体积分数	质量分数	体积分数	质量分数	体积分数	质量分数	体积分数	质量分数	体积分数	质量分数	体积分数	质量分数
40	69. 5	64. 3001	68. 6	63. 3276	67. 5	62. 1448	66. 4	60. 9684	65. 4	59. 9043	64. 3	58. 7399
39	69. 8	64. 6252	68. 9	63. 6513	67. 8	62. 4668	66. 7	61. 2886	65. 7	60. 2230	64. 6	59. 0568
38	70. 2	65. 0594	69. 2	63. 9755	68. 1	62. 7892	67. 1	61. 7163	66. 0	60. 5422	65. 0	59. 4802

续表

溶液温度/℃	酒精计读数											
	76		75		74		73		72		71	
	温度在20℃时用体积百分数或质量百分数表示酒精度											
	体积分数	质量分数	体积分数	质量分数	体积分数	质量分数	体积分数	质量分数	体积分数	质量分数	体积分数	质量分数
37	70. 5	65. 3857	69. 6	64. 4084	68. 5	63. 2198	67. 4	62. 0376	66. 4	60. 9684	65. 4	59. 9043
36	70. 8	65. 7124	69. 9	64. 7337	68. 8	63. 5433	67. 8	62. 4668	66. 7	61. 2886	65. 7	60. 2230
35	71. 2	66. 1488	70. 2	65. 0594	69. 1	63. 8673	68. 1	62. 7892	67. 0	61. 6093	66. 1	60. 6486
34	71. 5	66. 4766	70. 6	65. 4945	69. 5	64. 3001	68. 4	63. 1121	67. 4	62. 0376	66. 4	60. 9684
33	71. 8	66. 8049	70. 9	65. 8214	69. 8	64. 6252	68. 8	63. 5433	67. 7	62. 3594	66. 7	61. 2886
32	72. 1	67. 1337	71. 2	66. 1488	70. 1	64. 9508	69. 1	63. 8673	68. 0	62. 6817	67. 0	61. 6093
31	72. 5	67. 5729	71. 5	66. 4766	70. 5	65. 3857	69. 5	64. 3001	68. 4	63. 1121	67. 4	62. 0376
30	72. 8	67. 9029	71. 8	66. 8049	70. 8	65. 7124	69. 8	64. 6252	68. 7	63. 4355	67. 7	62. 3594
29	73. 1	68. 2333	72. 1	67. 1337	71. 1	66. 0396	70. 1	64. 9508	69. 1	63. 8673	68. 0	62. 6817
28	73. 5	68. 6747	72. 4	67. 4630	71. 4	66. 3673	70. 4	65. 2769	69. 4	64. 1918	68. 4	63. 1121
27	73. 8	69. 0063	72. 8	67. 9029	71. 7	66. 6954	70. 7	65. 6034	69. 7	64. 5168	68. 7	63. 4355
26	74. 1	69. 3383	73. 1	68. 2333	72. 1	67. 1337	71. 1	66. 0396	70. 1	64. 9508	69. 1	63. 8673
25	74. 4	69. 6709	73. 4	68. 5642	72. 4	67. 4630	71. 4	66. 3673	70. 4	65. 2769	69. 4	64. 1918
24	74. 7	70. 0040	73. 7	68. 8957	72. 7	67. 7928	71. 7	66. 6954	70. 7	65. 6034	69. 7	64. 5168
23	75. 1	70. 4489	74. 1	69. 3383	73. 0	68. 1231	72. 0	67. 0241	71. 0	65. 9305	70. 0	64. 8422
22	75. 4	70. 7831	74. 4	69. 6709	73. 4	68. 5642	72. 4	67. 463	71. 4	66. 3673	70. 4	65. 2769
21	75. 7	71. 1178	74. 7	70. 0040	73. 7	68. 8957	72. 7	67. 7928	71. 7	66. 6954	70. 7	65. 6034

20	76.0	71.4531	75.0	70.3376	74.0	69.2276	73.0	68.1231	72.0	67.0241	71.0	65.9305
19	76.3	71.7888	75.3	70.6716	74.3	69.5600	73.3	68.4539	72.3	67.3532	71.3	66.2580
18	76.6	72.1251	75.6	71.0062	74.6	69.8929	73.6	68.7851	72.6	67.6828	71.6	66.5860
17	76.9	72.4618	75.9	71.3413	74.9	70.2263	74.0	69.2276	73.0	68.1231	72.0	67.0241
16	77.2	72.7991	76.2	71.6769	75.3	70.6716	74.3	69.5600	73.3	68.4539	72.3	67.3532
15	77.6	73.2495	76.6	72.1251	75.6	71.0062	74.6	69.8929	73.6	68.7851	72.6	67.6828
14	77.9	73.5880	76.9	72.4618	75.9	71.3413	75.0	70.3376	73.9	69.1169	72.9	68.0130
13	78.2	73.9269	77.2	72.7991	76.2	71.6769	75.4	70.7831	74.2	69.4492	73.2	68.3436
12	78.5	74.2663	77.5	73.1368	76.5	72.0129	75.6	71.0062	74.5	69.7819	73.6	68.7851
11	78.8	74.6063	77.8	73.4751	76.8	72.3495	75.8	71.2295	74.9	70.2263	73.9	69.1169
10	79.1	74.9468	78.1	73.8139	77.1	72.6866	76.2	71.6769	75.2	70.5602	74.2	69.4492
9	79.4	75.2878	78.4	74.1531	77.4	73.0242	76.5	72.0129	75.5	70.8946	74.5	69.7819
8	79.7	75.6293	78.7	74.4929	77.7	73.3623	76.8	72.3495	76.0	71.4531	74.8	70.1151
7	80.0	75.9713	79.0	74.8332	78.0	73.7009	77.1	72.6866	76.4	71.9008	75.1	70.4489
6	80.2	76.1996	79.3	75.1741	78.3	74.0400	77.4	73.0242	76.7	72.2373	75.4	70.7831
5	80.5	76.5425	79.6	75.5154	78.6	74.3796	77.7	73.3623	77.0	72.5742	75.8	71.2295
4	80.8	76.8859	79.9	75.8572	79.2	75.0604	78.0	73.7009	77.3	72.9116	76.0	71.4531
3	81.1	77.2298	80.2	76.1996	79.5	75.4016	78.3	74.0400	77.6	73.2495	76.4	71.9008
2	81.4	77.5743	80.4	76.4281	79.8	75.7432	78.6	74.3796	77.8	73.4751	76.6	72.1251
1	81.7	77.9192	80.7	76.7714	80.1	76.0854	78.8	74.6063	77.9	73.5880	77.0	72.5742
0	82.0	78.2647	81.0	77.1151	80.4	76.4281	79.1	74.9468	78.2	73.9269	77.2	72.7991

续表

溶液温度/℃	酒精计读数											
	70		69		68		67		66		65	
	温度在20℃时用体积百分数或质量百分数表示酒精度											
	体积分数	质量分数	体积分数	质量分数	体积分数	质量分数	体积分数	质量分数	体积分数	质量分数	体积分数	质量分数
40	63. 3	57. 6866	62. 2	56. 5339	61. 1	55. 3873	60. 1	54. 3501	59. 1	53. 3180	58. 1	52. 2907
39	63. 6	58. 0020	62. 6	56. 9523	61. 5	55. 8035	60. 5	54. 7644	59. 5	53. 7302	58. 5	52. 7010
38	64. 0	58. 4233	62. 9	57. 2667	61. 8	56. 1162	60. 8	55. 0756	59. 8	54. 0400	58. 8	53. 0093
37	64. 3	58. 7399	63. 2	57. 5816	62. 2	56. 5339	61. 2	55. 4913	60. 2	54. 4536	59. 2	53. 4210
36	64. 7	59. 1626	63. 6	58. 0020	62. 6	56. 9523	61. 6	55. 9077	60. 5	54. 7644	59. 6	53. 8334
35	65. 0	59. 4802	64. 0	58. 4233	62. 9	57. 2667	61. 8	56. 1162	60. 9	55. 1794	59. 9	54. 1433
34	65. 3	59. 7982	64. 3	58. 7399	63. 2	57. 5816	62. 2	56. 5339	61. 2	55. 4913	60. 2	54. 4536
33	65. 7	60. 2230	64. 6	59. 0568	63. 6	58. 0020	62. 5	56. 8477	61. 6	55. 9077	60. 6	54. 8681
32	66. 0	60. 5422	65. 0	59. 4802	63. 9	58. 3179	62. 9	57. 2667	61. 9	56. 2206	60. 9	55. 1794
31	66. 4	60. 9684	65. 4	59. 9043	64. 3	92. 8960	63. 3	57. 6866	62. 3	56. 6384	61. 3	55. 5953
30	66. 7	61. 2886	65. 6	60. 1167	64. 6	59. 0568	63. 6	58. 0020	62. 6	56. 9523	61. 6	55. 9077
29	67. 0	61. 6093	66. 0	60. 5422	65. 0	59. 4802	64. 0	58. 4233	62. 9	57. 2667	61. 9	56. 2206
28	67. 4	62. 0376	66. 3	60. 8618	65. 3	59. 7982	64. 3	58. 7399	63. 3	57. 6866	62. 3	56. 6384
27	67. 7	62. 3594	66. 7	61. 2886	65. 7	60. 2230	64. 7	59. 1626	63. 6	58. 0020	62. 6	56. 9523
26	68. 0	62. 6817	67. 0	61. 6093	66. 0	60. 5422	65. 0	59. 4802	64. 0	58. 4233	63. 0	57. 3716
25	68. 4	63. 1121	67. 3	61. 9305	66. 3	60. 8618	65. 3	59. 7982	64. 3	58. 7399	63. 3	57. 6866
24	68. 7	63. 4355	67. 7	62. 3594	66. 7	61. 2886	65. 7	60. 2230	64. 6	59. 0568	63. 6	58. 0020
23	69. 0	63. 7593	68. 0	62. 6817	67. 0	61. 6093	66. 0	60. 5422	65. 0	59. 4802	64. 0	58. 4233

22	69.3	64.0836	68.3	63.0044	67.3	61.9305	66.3	60.8618	65.3	59.7982	64.3	58.7399
21	69.7	64.5168	68.7	63.4355	67.7	62.3594	66.7	61.2886	65.7	60.2230	64.6	59.0568
20	70.0	64.8422	69.0	63.7593	68.0	62.6817	67.0	61.6093	66.0	60.5422	65.0	59.4802
19	70.3	65.1681	69.3	64.0836	68.3	63.0044	67.3	61.9305	66.3	60.8618	65.3	59.7982
18	70.6	65.4945	69.6	64.4084	68.7	63.4355	67.7	62.3594	66.7	61.2886	65.7	60.2230
17	71.0	65.9305	70.0	64.8422	69.0	63.7593	68.0	62.6817	67.0	61.6093	66.0	60.5422
16	71.3	66.2580	70.3	65.1681	69.3	64.0836	68.3	63.0044	67.3	61.9305	66.3	60.8618
15	71.6	66.5860	70.6	65.4945	69.6	64.4084	68.6	63.3276	67.7	62.3594	66.7	61.2886
14	72.0	67.0241	71.0	65.9305	70.0	64.8422	69.0	63.7593	68.0	62.6817	67.0	61.6093
13	72.3	67.3532	71.3	66.2580	70.3	65.1681	69.3	64.0836	68.3	63.0044	67.4	62.0376
12	72.6	67.6828	71.6	66.5860	70.6	65.4945	69.6	64.4084	68.7	63.4355	67.7	62.3594
11	72.9	68.0130	71.9	66.9145	71.0	65.9305	70.0	64.8422	69.0	63.7593	68.0	62.6817
10	73.2	68.3436	72.2	67.2435	71.3	66.2580	70.3	65.1681	69.3	64.0836	68.3	63.0044
9	73.5	68.6747	72.6	67.6828	71.6	66.5860	70.6	65.4945	69.6	64.4084	68.7	63.4355
8	73.8	69.0063	72.9	68.0130	71.9	66.9145	70.9	65.8214	70.0	64.8422	69.0	63.7593
7	74.2	69.4492	73.2	68.3436	72.2	67.2435	71.3	66.2580	70.3	65.1681	69.3	64.0836
6	74.5	69.7819	73.5	68.6747	72.5	67.5729	71.6	66.5860	70.6	65.4945	69.6	64.4084
5	74.8	70.1151	73.8	69.0063	72.9	68.0130	71.9	66.9145	70.9	65.8214	70.0	64.8422
4	75.1	70.4489	74.1	69.3383	73.2	68.3436	72.2	67.2435	71.2	66.1488	70.3	65.1681
3	75.4	70.7831	74.4	69.6709	73.5	68.6747	72.5	67.5729	71.6	66.5860	70.6	65.4945
2	75.7	71.1178	74.7	70.0040	73.8	69.0063	72.8	67.9029	71.9	66.9145	70.9	65.8214
1	76.0	71.4531	75.0	70.3376	74.0	69.2276	73.1	68.2333	72.2	67.2435	71.2	66.1488
0	76.3	71.7888	75.4	70.7831	74.1	69.3383	73.4	68.5642	72.5	67.5729	71.5	66.4766

续表

溶液温度/℃	酒精计读数											
	64		63		62		61		60		59	
	温度在20℃时用体积百分数或质量百分数表示酒精度											
	体积分数	质量分数	体积分数	质量分数	体积分数	质量分数	体积分数	质量分数	体积分数	质量分数	体积分数	质量分数
40	57. 1	51. 2684	56. 0	50. 1494	55. 0	49. 1372	54. 0	48. 1298	52. 8	46. 9271	51. 8	45. 9301
39	57. 5	51. 6767	56. 4	50. 5556	55. 3	49. 4403	54. 4	48. 5321	53. 2	47. 3272	52. 2	46. 3284
38	57. 8	51. 9835	56. 7	50. 8608	55. 7	49. 8452	54. 7	48. 8344	53. 5	47. 6278	52. 5	46. 6275
37	58. 2	52. 3932	57. 1	51. 2684	56. 0	50. 1494	55. 1	49. 2382	53. 9	48. 0293	52. 9	47. 0271
36	58. 5	52. 7010	57. 4	51. 5745	56. 3	50. 4540	55. 5	49. 6427	54. 2	48. 3309	53. 2	47. 3272
35	58. 9	53. 1121	57. 8	51. 9835	56. 8	50. 9626	55. 8	49. 9465	54. 6	48. 7336	53. 6	47. 7281
34	59. 2	53. 4210	58. 1	52. 2907	57. 1	51. 2684	56. 1	50. 2509	55. 0	49. 1372	54. 0	48. 1298
33	59. 6	53. 8334	58. 5	52. 7010	57. 4	51. 5745	56. 5	50. 6573	55. 3	49. 4403	54. 3	48. 4315
32	59. 9	54. 1433	58. 8	53. 0093	57. 7	51. 8812	56. 8	50. 9626	55. 7	49. 8452	54. 7	48. 8344
31	60. 3	54. 5572	59. 2	53. 4210	58. 1	52. 2907	57. 2	51. 3704	56. 0	50. 1494	55. 0	49. 1372
30	60. 6	54. 8681	59. 5	53. 7302	58. 5	52. 7010	57. 5	51. 6767	56. 4	50. 5556	55. 4	49. 5415
29	60. 9	55. 1794	59. 9	54. 1433	58. 8	53. 0093	57. 8	51. 9835	56. 8	50. 9626	55. 8	49. 9465
28	61. 2	55. 4913	60. 2	54. 4536	59. 2	53. 4210	58. 2	52. 3932	57. 2	51. 3704	56. 1	50. 2509
27	61. 6	55. 9077	60. 6	54. 8681	59. 6	53. 8334	58. 5	52. 7010	57. 5	51. 6767	56. 5	50. 6573
26	62. 0	56. 3250	60. 9	55. 1794	59. 9	54. 1433	58. 9	53. 1121	57. 9	52. 0858	56. 9	51. 0645
25	62. 2	56. 5339	61. 3	55. 5953	60. 3	54. 5572	59. 2	53. 4210	58. 2	52. 3932	57. 2	51. 3704
24	62. 6	56. 9523	61. 6	55. 9077	60. 6	54. 8681	59. 6	53. 8334	58. 6	52. 8037	57. 6	51. 7789
23	63. 0	57. 3716	62. 0	56. 3250	61. 0	55. 2833	60. 0	54. 2467	58. 9	53. 1121	57. 9	52. 0858

22	63. 3	57. 6866	62. 3	56. 6384	61. 3	55. 5953	60. 3	54. 5572	59. 3	53. 5240	58. 3	52. 4958
21	63. 6	58. 0020	62. 6	56. 9523	61. 6	55. 9077	60. 6	54. 8681	59. 6	53. 8334	58. 6	52. 8037
20	64. 0	58. 4233	63. 0	57. 3716	62. 0	56. 3250	61. 0	55. 2833	60. 0	54. 2467	59. 0	53. 2150
19	64. 3	58. 7399	63. 3	57. 6866	62. 3	56. 6384	61. 3	55. 5953	60. 4	54. 6607	59. 4	53. 6271
18	64. 7	59. 1626	63. 7	58. 1073	62. 7	56. 9398	61. 7	56. 0119	60. 7	54. 9718	59. 7	53. 9367
17	65. 0	59. 4802	64. 0	58. 4233	63. 0	57. 3716	62. 0	56. 3250	61. 0	55. 2833	60. 0	54. 2467
16	65. 4	59. 9043	64. 4	58. 8455	63. 4	57. 7917	62. 4	56. 7430	61. 4	55. 6994	60. 4	54. 6607
15	65. 7	60. 2230	64. 7	59. 1626	63. 7	58. 1073	62. 7	57. 0571	61. 7	56. 0119	60. 8	55. 0756
14	66. 0	60. 5422	65. 0	59. 4802	64. 1	58. 5288	63. 1	57. 4766	62. 0	56. 3250	61. 1	55. 3873
13	66. 4	60. 9684	65. 4	59. 9043	64. 4	58. 8455	63. 4	57. 7917	62. 4	56. 7430	61. 4	55. 6994
12	66. 7	61. 2886	65. 7	60. 2230	64. 7	59. 1626	63. 8	58. 2126	62. 8	57. 1619	61. 8	56. 1162
11	67. 0	61. 6093	66. 0	60. 5422	65. 1	59. 5861	64. 1	58. 5288	63. 1	57. 4766	62. 1	56. 4294
10	67. 4	62. 0376	66. 4	60. 9684	65. 4	59. 9043	64. 4	58. 8455	63. 5	57. 8968	62. 5	56. 8477
9	67. 7	62. 3594	66. 7	61. 2886	65. 7	60. 2230	64. 8	59. 2684	63. 8	58. 2126	62. 8	57. 1619
8	68. 0	62. 6817	67. 0	61. 6093	66. 1	60. 6486	65. 1	59. 5861	64. 1	58. 5288	63. 2	57. 5816
7	68. 4	63. 1121	67. 4	62. 0376	66. 4	60. 9684	65. 4	59. 9043	64. 5	58. 9511	63. 5	57. 8968
6	68. 7	63. 4355	67. 7	62. 3594	66. 7	61. 2886	65. 8	60. 3293	64. 8	59. 2684	63. 8	58. 2126
5	69. 0	63. 7593	68. 0	62. 6817	67. 1	61. 7163	66. 1	60. 6486	65. 1	59. 5861	64. 2	58. 6343
4	69. 3	64. 0836	68. 4	63. 1121	67. 4	62. 0376	66. 4	60. 9684	65. 5	60. 0105	64. 5	58. 9511
3	69. 6	64. 4084	68. 7	63. 4355	67. 7	62. 3594	66. 8	61. 3955	65. 8	60. 3293	64. 8	59. 2684
2	70. 0	64. 8422	69. 0	63. 7593	68. 0	62. 6817	67. 1	61. 7163	66. 1	60. 6486	65. 2	59. 6922
1	70. 3	65. 1681	69. 3	64. 0836	68. 4	63. 1121	67. 4	62. 0376	66. 4	60. 9684	65. 5	60. 0105
0	70. 6	65. 4945	69. 6	64. 4084	68. 7	63. 4355	67. 7	62. 3594	66. 8	61. 3955	65. 8	60. 3293

续表

溶液温度/℃	酒精计读数											
	58		57		56		55		54		53	
	温度在20℃时用体积百分数或质量百分数表示酒精度											
	体积分数	质量分数	体积分数	质量分数	体积分数	质量分数	体积分数	质量分数	体积分数	质量分数	体积分数	质量分数
40	50. 8	44. 9378	49. 7	43. 8516	48. 6	42. 7710	47. 6	41. 7934	46. 6	40. 8203	45. 5	39. 7552
39	51. 1	45. 2350	50. 1	44. 2459	49. 0	43. 1633	48. 0	42. 1839	47. 0	41. 2090	45. 9	40. 1419
38	51. 5	45. 6319	50. 4	44. 5422	49. 3	43. 4580	48. 3	42. 4772	47. 3	41. 5010	46. 3	40. 5293
37	51. 9	46. 0296	50. 8	44. 9378	49. 7	43. 8516	48. 7	42. 8690	47. 7	41. 8909	46. 6	40. 8203
36	52. 2	46. 3284	51. 2	45. 3342	50. 1	44. 2459	49. 1	43. 2615	48. 1	42. 2816	47. 0	41. 2090
35	52. 6	46. 7273	51. 6	45. 7313	50. 5	44. 6410	49. 5	43. 6547	48. 5	42. 6730	47. 4	41. 5984
34	53. 0	47. 1271	51. 9	46. 0296	50. 8	44. 9378	49. 8	43. 9501	48. 8	42. 9670	47. 8	41. 9885
33	53. 3	47. 4274	52. 3	46. 4280	51. 2	45. 3342	50. 2	44. 3446	49. 2	43. 3597	48. 2	42. 3794
32	53. 7	47. 8285	52. 7	46. 8272	51. 6	45. 7313	50. 6	44. 7399	49. 6	43. 7531	48. 6	42. 7710
31	54. 0	48. 1298	53. 0	47. 1271	51. 9	46. 0296	50. 9	45. 0368	49. 9	44. 0487	48. 9	43. 0651
30	54. 4	48. 5321	53. 4	47. 5276	52. 3	46. 4280	51. 3	45. 4334	50. 3	44. 4434	49. 3	43. 4580
29	54. 8	48. 9353	53. 7	47. 8285	52. 7	46. 8272	51. 7	45. 8307	50. 7	44. 8388	49. 6	43. 7531
28	55. 1	49. 2382	54. 1	48. 2303	53. 1	47. 2271	52. 1	46. 2287	51. 0	45. 1359	50. 0	44. 1473
27	55. 5	49. 6427	54. 5	48. 6329	53. 4	47. 5276	52. 4	46. 5278	51. 4	45. 5326	50. 4	44. 5422
26	55. 8	49. 9465	54. 8	48. 9353	53. 8	47. 9288	52. 8	46. 9271	51. 8	45. 9301	50. 8	44. 9378
25	56. 2	50. 3524	55. 2	49. 3392	54. 2	48. 3309	53. 2	47. 3272	52. 2	46. 3284	51. 1	45. 2350
24	56. 6	50. 7590	55. 6	49. 7439	54. 5	48. 6329	53. 5	47. 6278	52. 5	46. 6275	51. 5	45. 6319
23	56. 9	51. 0645	55. 9	50. 0479	54. 9	49. 0362	53. 9	48. 0293	52. 9	47. 0271	51. 9	46. 0296

22	57.3	51.4724	56.3	50.4540	55.3	49.4403	54.3	48.4315	53.3	47.4274	52.2	46.3284
21	57.6	51.7789	56.6	50.7590	55.6	49.7439	54.6	48.7336	53.6	47.7281	52.6	46.7273
20	58.0	52.1883	57.0	51.1664	56.0	50.1494	55.0	49.1372	54.0	48.1298	53.0	47.1271
19	58.4	52.5984	57.4	51.5745	56.4	50.5556	55.4	49.5415	54.4	48.5321	53.4	47.5276
18	58.7	52.9065	57.7	51.8812	56.7	50.8608	55.7	49.8452	54.7	48.8344	53.7	47.8285
17	59.1	53.3180	58.1	52.2907	57.1	51.2684	56.1	50.2509	55.1	49.2382	54.1	48.2303
16	59.5	53.7302	58.5	52.7010	57.5	51.6767	56.5	50.6573	55.5	49.6427	54.5	48.6329
15	59.8	54.0400	58.8	53.0093	57.8	51.9835	56.8	50.9626	55.8	49.9465	54.8	48.9353
14	60.1	54.3501	59.1	53.3180	58.2	52.3932	57.2	51.3704	56.2	50.3524	55.2	49.3392
13	60.5	54.7644	59.5	53.7302	58.5	52.7010	57.5	51.6767	56.6	50.7590	55.6	49.7439
12	60.8	55.0756	59.8	54.0400	58.8	53.0093	57.9	52.0858	56.9	51.0645	55.9	50.0479
11	61.2	55.4913	60.2	54.4536	59.1	53.3180	58.2	52.3932	57.2	51.3704	56.3	50.4540
10	61.5	55.8035	60.5	54.7644	59.6	53.8334	58.6	52.8037	57.6	51.7789	56.6	50.7590
9	61.9	56.2206	60.9	55.1794	59.9	54.1433	58.9	53.1121	58.0	52.1883	57.0	51.1664
8	62.2	56.5339	61.2	55.4913	60.3	54.5572	59.3	53.5240	58.3	52.4958	57.4	51.5745
7	62.5	56.8477	61.6	55.9077	60.6	54.8681	59.6	53.8334	58.7	52.9065	57.7	51.8812
6	62.9	57.2667	61.9	56.2206	61.0	55.2833	60.0	54.2467	59.0	53.2150	58.1	52.2907
5	63.2	57.5816	62.3	56.6384	61.3	55.5953	60.3	54.5572	59.4	53.6271	58.4	52.5984
4	63.6	58.0020	62.6	56.9523	61.6	55.9077	60.7	54.9718	59.7	53.9367	58.8	53.0093
3	63.9	58.3179	62.9	57.2667	62.0	56.3250	61.0	55.2833	60.1	54.3501	59.1	53.3180
2	64.2	58.6343	63.3	57.6866	62.3	56.6384	61.4	55.6994	60.4	54.6607	59.4	53.6271
1	64.6	59.0568	63.6	58.0020	62.6	56.9523	61.7	56.0119	60.7	54.9718	59.8	54.0400
0	64.9	59.3743	63.9	58.3179	63.0	57.3716	62.0	56.3250	61.1	55.3873	60.1	54.3501

续表

溶液温度/℃	酒精计读数											
	52		51		50		49		48		47	
	温度在20℃时用体积百分数或质量百分数表示酒精度											
	体积分数	质量分数	体积分数	质量分数	体积分数	质量分数	体积分数	质量分数	体积分数	质量分数	体积分数	质量分数
40	44. 4	38. 6955	43. 4	37. 7368	42. 4	36. 7824	41. 4	35. 8325	40. 4	34. 8869	39. 2	33. 7579
39	44. 8	39. 0802	43. 8	38. 1197	42. 7	37. 0683	41. 8	36. 2120	40. 8	35. 2646	39. 6	34. 1336
38	45. 2	39. 4656	44. 2	38. 5034	43. 1	37. 4500	42. 2	36. 5921	41. 2	35. 6430	40. 0	34. 5099
37	45. 5	39. 7552	44. 5	38. 7916	43. 5	37. 8324	42. 5	36. 8777	41. 5	35. 9273	40. 4	34. 8869
36	45. 9	40. 1419	44. 9	39. 1765	43. 9	38. 2156	42. 9	37. 2590	41. 9	36. 3069	40. 8	35. 2646
35	46. 3	40. 5293	45. 3	39. 5621	44. 3	38. 5994	43. 3	37. 6411	42. 3	36. 6873	41. 2	35. 6430
34	46. 7	40. 9174	45. 7	39. 9485	44. 7	38. 9840	43. 7	38. 0239	42. 7	37. 0683	41. 5	35. 9273
33	47. 1	41. 3063	46. 1	40. 3355	45. 0	39. 2728	44. 1	38. 4074	43. 1	37. 4500	41. 9	36. 3069
32	47. 4	41. 5984	46. 4	40. 6263	45. 4	39. 6586	44. 4	38. 6955	43. 4	37. 7368	42. 4	36. 7824
31	47. 8	41. 9885	46. 8	41. 0146	45. 8	40. 0452	44. 8	39. 0802	43. 8	38. 1197	42. 7	37. 0683
30	48. 2	42. 3794	47. 2	41. 4036	46. 2	40. 4324	45. 2	39. 4656	44. 2	38. 5034	43. 1	37. 4500
29	48. 6	42. 7710	47. 6	41. 7934	46. 6	40. 8203	45. 6	39. 8518	44. 5	38. 7916	43. 5	37. 8324
28	49. 0	43. 1633	48. 0	42. 1839	47. 0	41. 2090	45. 9	40. 1419	44. 9	39. 1765	43. 9	38. 2156
27	49. 4	43. 5563	48. 3	42. 4772	47. 3	41. 5010	46. 3	40. 5293	45. 3	39. 5621	44. 3	38. 5994
26	49. 7	43. 8516	48. 7	42. 8690	47. 7	41. 8909	46. 7	40. 9174	45. 7	39. 9485	44. 7	38. 9840
25	50. 1	44. 2459	49. 1	43. 2615	48. 1	42. 2816	47. 1	41. 3063	46. 1	40. 3355	45. 1	39. 3692
24	50. 4	44. 5422	49. 5	43. 6547	48. 5	42. 6730	47. 5	41. 6959	46. 4	40. 6263	45. 4	39. 6586
23	50. 9	45. 0368	49. 9	44. 0487	48. 9	43. 0651	47. 8	41. 9885	46. 8	41. 0146	45. 8	40. 0452

22	51.2	45.3342	50.2	44.3446	49.2	43.3597	48.2	42.3794	47.2	41.4036	46.2	40.4324
21	51.6	45.7313	50.6	44.7399	49.6	43.7531	48.6	42.7710	47.6	41.7934	46.6	40.8203
20	52.2	46.3284	51.0	45.1359	50.0	44.1473	49.0	43.1633	48.0	42.1839	47.0	41.2090
19	52.4	46.5278	51.4	45.5326	50.4	44.5422	49.4	43.5563	48.4	42.5751	47.4	41.5984
18	52.7	46.8272	51.7	45.8307	50.7	44.8388	49.8	43.9501	48.8	42.9670	47.8	41.9885
17	53.1	47.2271	52.1	46.2287	51.1	45.2350	50.1	44.2459	49.2	43.3597	48.2	42.3794
16	53.5	47.6278	52.5	46.6275	51.5	45.6319	50.5	44.6410	49.5	43.6547	48.6	42.7710
15	53.9	48.0293	52.9	47.0271	51.9	46.0296	50.9	45.0368	49.9	44.0487	48.9	43.0651
14	54.3	48.4315	53.2	47.3272	52.2	46.3284	51.3	45.4334	50.3	44.4434	49.3	43.4580
13	54.6	48.7336	53.6	47.7281	52.6	46.7273	51.6	45.7313	50.7	44.8388	49.7	43.8516
12	55.0	49.1372	54.0	48.1298	53.0	47.1271	52.0	46.1291	51.0	45.1359	50.1	44.2459
11	55.3	49.4403	54.3	48.4315	53.4	47.5276	52.4	46.5278	51.4	45.5326	50.4	44.5422
10	55.7	49.8452	54.7	48.8344	53.7	47.8285	52.8	46.9271	51.8	45.9301	50.8	44.9378
9	56.0	50.1494	55.1	49.2382	54.1	48.2303	53.1	47.2271	52.2	46.3284	51.2	45.3342
8	56.4	50.5556	55.4	49.5415	54.5	48.6329	53.5	47.6278	52.5	46.6275	51.6	45.7313
7	56.8	50.9626	55.8	49.9465	54.8	48.9353	53.9	48.0293	52.9	47.0271	51.9	46.0296
6	57.1	51.2684	56.1	50.2509	55.2	49.3392	54.2	48.3309	53.2	47.3272	52.3	46.4280
5	57.4	51.5745	56.5	50.6573	55.5	49.6427	54.6	48.7336	53.6	47.7281	52.7	46.8272
4	57.8	51.9835	56.8	50.9626	55.9	50.0479	54.9	49.0362	54.0	48.1298	53.0	47.1271
3	58.2	52.3932	57.2	51.3704	56.2	50.3524	55.3	49.4403	54.3	48.4315	53.4	47.5276
2	58.5	52.7010	57.5	51.6767	56.6	50.7590	55.6	49.7439	54.7	48.8344	53.8	47.9288
1	58.8	53.0093	57.9	52.0858	57.0	51.1664	56.0	50.1494	55.0	49.1372	54.1	48.2303
0	59.2	53.4210	58.2	52.3932	57.3	51.4724	56.4	50.5556	55.4	49.5415	54.5	48.6329

续表

溶液温度/℃	酒精计读数											
	46		45		44		43		42		41	
	温度在20℃时用体积百分数或质量百分数表示酒精度											
	体积分数	质量分数	体积分数	质量分数	体积分数	质量分数	体积分数	质量分数	体积分数	质量分数	体积分数	质量分数
40	38.2	32.8218	37.0	31.7041	36.1	30.8698	35.0	29.8547	34.0	28.9363	33.0	28.0220
39	38.4	33.0087	37.4	32.0760	36.5	31.2402	35.4	30.2232	34.4	29.3031	33.4	28.3872
38	39.0	33.5704	37.8	32.4486	36.9	31.6112	35.8	30.5924	34.8	29.6707	33.8	28.7531
37	39.4	33.9457	38.2	32.8218	37.3	31.9830	36.2	30.9623	35.2	30.0389	34.2	29.1196
36	39.8	34.3217	38.6	33.1957	37.7	32.3554	36.6	31.3329	35.6	30.4078	34.6	29.4868
35	40.2	34.6983	39.0	33.5704	38.1	32.7284	37.0	31.7041	36.0	30.7773	35.0	29.8547
34	40.5	34.9813	39.5	34.0396	38.5	33.1022	37.4	32.0760	36.4	31.1475	35.4	30.2232
33	40.9	35.3592	39.9	34.4158	38.9	33.4766	37.8	32.4486	36.8	31.5184	35.8	30.5924
32	41.3	35.7378	40.3	34.7926	39.3	33.8518	38.2	32.8218	37.2	31.8900	36.2	30.9623
31	41.7	36.1170	40.7	35.1701	39.7	34.2276	38.6	33.1957	37.6	32.2622	36.6	31.3329
30	42.1	36.4970	41.1	35.5484	40.1	34.6041	39.0	33.5704	38.0	32.6351	37.0	31.7041
29	42.5	36.8777	41.5	35.9273	40.6	35.0757	39.4	33.9457	38.4	33.0087	37.4	32.0760
28	42.9	37.2590	41.9	36.3069	40.8	35.2646	39.8	34.3217	38.8	33.3830	37.8	32.4486
27	43.3	37.6411	42.3	36.6873	41.2	35.6430	40.2	34.6983	39.2	33.7579	38.2	32.8218
26	43.7	38.0239	42.7	37.0683	41.6	36.0221	40.6	35.0757	39.6	34.1336	38.6	33.1957
25	44.1	38.4074	43.0	37.3545	42.0	36.4019	41.0	35.4538	40.0	34.5099	39.0	33.5704
24	44.4	38.6955	43.4	37.7368	42.4	36.7824	41.4	35.8325	40.4	34.8869	39.4	33.9457
23	44.8	39.0802	43.8	38.1197	42.8	37.1636	41.8	36.2120	40.8	35.2646	39.8	34.3217

22	45. 2	39. 4656	44. 2	38. 5034	43. 2	37. 5455	42. 2	36. 5921	41. 2	35. 6430	40. 2	34. 6983
21	45. 6	39. 8518	44. 6	38. 8877	43. 6	37. 9281	42. 6	36. 9730	41. 6	36. 0221	40. 6	35. 0757
20	46. 0	40. 2387	45. 0	39. 2728	44. 0	38. 3115	43. 0	37. 3545	42. 0	36. 4019	41. 0	35. 4538
19	46. 4	40. 6263	45. 4	39. 6586	44. 4	38. 6955	43. 4	37. 7368	42. 4	36. 7824	41. 4	35. 8325
18	46. 8	41. 0146	45. 8	40. 0452	44. 8	39. 0802	43. 8	38. 1197	42. 8	37. 1636	41. 8	36. 2120
17	47. 2	41. 4036	46. 2	40. 4324	45. 2	39. 4656	44. 2	38. 5034	43. 2	37. 5455	42. 2	36. 5921
16	47. 6	41. 7934	46. 6	40. 8203	45. 6	39. 8518	44. 6	38. 8877	43. 6	37. 9281	42. 6	36. 9730
15	47. 9	42. 0862	47. 0	41. 2090	46. 0	40. 2387	45. 0	39. 2728	44. 0	38. 3115	43. 0	37. 3545
14	48. 3	42. 4772	47. 3	41. 5010	46. 4	40. 6263	45. 4	39. 6586	44. 4	38. 6955	43. 4	37. 7368
13	48. 7	42. 8690	47. 7	41. 8909	46. 7	40. 9174	45. 8	40. 0452	44. 8	39. 0802	43. 8	38. 1197
12	49. 1	43. 2615	48. 1	42. 2816	47. 1	41. 3063	46. 1	40. 3355	45. 2	39. 4656	44. 2	38. 5034
11	49. 5	43. 6547	48. 5	42. 6730	47. 5	41. 6959	46. 5	40. 7233	45. 6	39. 8518	44. 6	38. 8877
10	49. 8	43. 9501	48. 9	43. 0651	47. 9	42. 0862	46. 9	41. 1118	46. 0	40. 2387	45. 0	39. 2728
9	50. 2	44. 3446	49. 2	43. 3597	48. 3	42. 4772	47. 3	41. 5010	46. 4	40. 6263	45. 4	39. 6586
8	50. 6	44. 7399	49. 6	43. 7531	48. 6	42. 7710	47. 7	41. 8909	46. 7	40. 9174	45. 8	40. 0452
7	51. 0	45. 1359	50. 0	44. 1473	49. 0	43. 1633	48. 1	42. 2816	47. 1	41. 3063	46. 2	40. 4324
6	51. 3	45. 4334	50. 4	44. 5422	49. 4	43. 5563	48. 4	42. 5751	47. 5	41. 6959	46. 5	40. 7233
5	51. 7	45. 8307	50. 8	44. 9378	49. 8	43. 9501	48. 8	42. 9670	47. 9	42. 0862	46. 9	41. 1118
4	52. 1	46. 2287	51. 1	45. 2350	50. 2	44. 3446	49. 2	43. 3597	48. 2	42. 3794	47. 3	41. 5010
3	52. 4	46. 5278	51. 5	45. 6319	50. 5	44. 6410	49. 6	43. 7531	48. 6	42. 7710	47. 7	41. 8909
2	52. 8	46. 9271	51. 8	45. 9301	50. 9	45. 0368	49. 9	44. 0487	49. 0	43. 1633	48. 0	42. 1839
1	53. 2	47. 3272	52. 2	46. 3284	51. 3	45. 4334	50. 3	44. 4434	49. 4	43. 5563	48. 4	42. 5751
0	53. 5	47. 6278	52. 6	46. 7273	51. 6	45. 7313	50. 7	44. 8388	49. 7	43. 8516	48. 8	42. 9670

续表

溶液温度/℃	酒精计读数											
	40		39		38		37		36		35	
	温度在20℃时用体积百分数或质量百分数表示酒精度											
	体积分数	质量分数	体积分数	质量分数	体积分数	质量分数	体积分数	质量分数	体积分数	质量分数	体积分数	质量分数
40	32.0	27.1118	31.0	26.2057	30.0	25.3036	29.0	24.4056	28.0	23.5115	26.8	22.4439
39	32.4	27.4754	31.4	26.5676	30.4	25.6639	29.4	24.7643	28.4	23.8687	27.2	22.7992
38	32.8	27.8396	31.8	26.9302	30.8	26.0249	29.8	25.1237	28.8	24.2264	27.7	23.2441
37	33.2	28.2045	32.2	27.2935	31.2	26.3866	30.2	25.4837	29.2	24.5849	28.0	23.5115
36	33.6	28.5700	32.6	27.6574	31.6	26.7488	30.6	25.8444	29.6	24.9439	28.4	23.8687
35	34.0	28.9363	33.0	28.0220	32.0	27.1118	31.0	26.2057	30.0	25.3036	28.8	24.2264
34	34.4	29.3031	33.4	28.3872	32.4	27.4754	31.4	26.5676	30.4	25.6639	29.3	24.6746
33	34.8	29.6707	33.8	28.7531	32.8	27.8396	31.8	26.9302	30.8	26.0249	29.7	25.0338
32	35.2	30.0389	34.2	29.1196	33.2	28.2045	32.2	27.2935	31.2	26.3866	30.1	25.3936
31	35.6	30.4078	34.6	29.4868	33.6	28.5700	32.6	27.6574	31.6	26.7488	30.5	25.7541
30	36.0	30.7773	35.0	29.8547	34.0	28.9363	33.0	28.0220	32.0	27.1118	30.9	26.1153
29	36.4	31.1475	35.4	30.2232	34.4	29.3031	33.4	28.3872	32.3	27.3844	31.3	26.4771
28	36.8	31.5184	35.8	30.5924	34.8	29.6707	33.8	28.7531	32.8	27.8396	31.7	26.8395
27	37.2	31.8900	36.2	30.9623	35.2	30.0389	34.2	29.1196	33.2	28.2045	32.2	27.2935
26	37.6	32.2622	36.6	31.3329	35.6	30.4078	34.6	29.4868	33.6	28.5700	32.6	27.6574
25	38.0	32.6351	37.0	31.7041	36.0	30.7773	35.0	29.8547	34.0	28.9363	33.0	28.0220
24	38.4	33.0087	37.4	32.0760	36.4	31.1475	35.4	30.2232	34.4	29.3031	33.4	28.3872
23	38.8	33.3830	37.8	32.4486	36.8	31.5184	35.8	30.5924	34.8	29.6707	33.8	28.7531

22	39.2	33.7579	38.2	32.8218	37.2	31.8900	36.2	30.9623	35.2	30.0389	34.2	29.1196
21	39.6	34.1336	38.6	33.1957	37.6	32.2622	36.6	31.3329	35.6	30.4078	34.6	29.4868
20	40.0	34.5099	39.0	33.5704	38.0	32.6351	37.0	31.7041	36.0	30.7773	35.0	29.8547
19	40.4	34.8869	39.4	33.9457	38.4	33.0087	37.4	32.0760	36.4	31.1475	35.4	30.2232
18	40.8	35.2646	39.8	34.3217	38.8	33.3830	37.8	32.4486	36.8	31.5184	35.8	30.5924
17	41.2	35.6430	40.2	34.6983	39.2	33.7579	38.2	32.8218	37.2	31.8900	36.2	30.9623
16	41.6	36.0221	40.6	35.0757	39.6	34.1336	38.6	33.1957	37.6	32.2622	36.6	31.3329
15	42.0	36.4019	41.0	35.4538	40.0	34.5099	39.0	33.5704	38.0	32.6351	37.0	31.7041
14	42.4	36.7824	41.4	35.8325	40.4	34.8869	39.4	33.9457	38.4	33.0087	37.4	32.0760
13	42.8	37.1636	41.8	36.2120	40.8	35.2646	39.8	34.3217	38.8	33.3830	37.8	32.4486
12	43.2	37.5455	42.2	36.5921	41.2	35.6430	40.2	34.6983	39.2	33.7579	38.2	32.8218
11	43.6	37.9281	42.6	36.9730	41.6	36.0221	40.6	35.0757	39.6	34.1336	38.7	33.2893
10	44.0	38.3115	43.0	37.3545	42.0	36.4019	41.0	35.4538	40.1	34.6041	39.1	33.6641
9	44.4	38.6955	43.4	37.7368	42.4	36.7824	41.4	35.8325	40.5	34.9813	39.5	34.0396
8	44.8	39.0802	43.8	38.1197	42.8	37.1636	41.9	36.3069	40.9	35.3592	39.9	34.4158
7	45.2	39.4656	44.2	38.5034	43.2	37.5455	42.3	36.6873	41.3	35.7378	40.3	34.7926
6	45.6	39.8518	44.6	38.8877	43.6	37.9281	42.7	37.0683	41.7	36.1170	40.7	35.1701
5	46.0	40.2387	45.0	39.2728	44.0	38.3115	43.1	37.4500	42.1	36.4970	41.1	35.5484
4	46.3	40.5293	45.4	39.6586	44.4	38.6955	43.4	37.7368	42.5	36.8777	41.5	35.9273
3	46.7	40.9174	45.8	40.0452	44.8	39.0802	43.8	38.1197	42.9	37.2590	41.9	36.3069
2	47.1	41.3063	46.1	40.3355	45.2	39.4656	44.2	38.5034	43.3	37.6411	42.3	36.6873
1	47.5	41.6959	46.5	40.7233	45.6	39.8518	44.6	38.8877	43.7	38.0239	42.7	37.0683
0	47.8	41.9885	46.9	41.1118	46.0	40.2387	45.0	39.2728	44.0	38.3115	43.1	37.4500

续表

溶液温度/℃	酒精计读数											
	34		33		32		31		30		29	
	温度在20℃时用体积百分数或质量百分数表示酒精度											
	体积分数	质量分数	体积分数	质量分数	体积分数	质量分数	体积分数	质量分数	体积分数	质量分数	体积分数	质量分数
40	25.8	21.5586	24.8	20.6772	24.0	19.9749	23.0	19.1004	22.2	18.4036	21.2	17.5361
39	26.2	21.9123	25.2	21.0293	24.4	20.3257	23.4	19.4497	22.6	18.7517	21.6	17.8827
38	26.7	22.3552	25.7	21.4703	24.8	20.6772	23.8	19.7997	23.0	19.1004	22.0	18.2298
37	27.0	22.6215	26.0	21.7354	25.2	21.0293	24.2	20.1502	23.4	19.4497	22.4	18.5776
36	27.4	22.9770	26.4	22.0893	25.6	21.3820	24.6	20.5014	23.8	19.7997	22.8	18.9260
35	27.8	23.3332	26.8	22.4439	26.0	21.7354	25.0	20.8532	24.2	20.1502	23.2	19.2750
34	28.3	23.7793	27.3	22.8881	26.4	22.0893	25.4	21.2056	24.5	20.4135	23.5	19.5372
33	28.7	24.1369	27.7	23.2441	26.8	22.4439	25.8	21.5586	24.9	20.7652	23.9	19.8872
32	29.1	24.4952	28.1	23.6008	27.2	22.7992	26.2	21.9123	25.3	21.1174	24.3	20.2379
31	29.5	24.8541	28.5	23.9581	27.6	23.1550	26.6	22.2666	25.7	21.4703	24.7	20.5893
30	29.9	25.2136	28.9	24.3160	28.0	23.5115	27.0	22.6215	26.1	21.8238	25.1	20.9412
29	30.3	25.5738	29.4	24.7643	28.4	23.8687	27.4	22.9770	26.4	22.0893	25.5	21.2938
28	30.7	25.9346	29.7	25.0338	28.8	24.2264	27.8	23.3332	26.8	22.4439	25.9	21.6470
27	31.2	26.3866	30.2	25.4837	29.2	24.5849	28.2	23.6900	27.2	22.7992	26.3	22.0008
26	31.6	26.7488	30.6	25.8444	29.6	24.9439	28.6	24.0475	27.6	23.1550	26.6	22.2666
25	32.0	27.1118	31.0	26.2057	30.0	25.3036	29.0	24.4056	28.0	23.5115	27.0	22.6215
24	32.4	27.4754	31.4	26.5676	30.4	25.6639	29.4	24.7643	28.4	23.8687	27.4	22.9770
23	32.8	27.8396	31.8	26.9302	30.8	26.0249	29.8	25.1237	28.8	24.2264	27.8	23.3332

22	33.2	28.2045	32.2	27.2935	31.2	26.3866	30.2	25.4837	29.2	24.5849	28.2	23.6900
21	33.6	28.5700	32.6	27.6574	31.6	26.7488	30.6	25.8444	29.6	24.9439	28.6	24.0475
20	34.0	28.9363	33.0	28.0220	32.0	27.1118	31.0	26.2057	30.0	25.3036	29.0	24.4056
19	34.4	29.3031	33.4	28.3872	32.4	27.4754	31.4	26.5676	30.4	25.6639	29.4	24.7643
18	34.8	29.6707	33.8	28.7531	32.8	27.8396	31.8	26.9302	30.8	26.0249	29.8	25.1237
17	35.2	30.0389	34.2	29.1196	33.2	28.2045	32.2	27.2935	31.2	26.3866	30.2	25.4837
16	35.6	30.4078	34.6	29.4868	33.6	28.5700	32.6	27.6574	31.6	26.7488	30.6	25.8444
15	36.0	30.7773	35.0	29.8547	34.0	28.9363	33.0	28.0220	32.0	27.1118	31.0	26.2057
14	36.4	31.1475	35.4	30.2232	34.4	29.3031	33.4	28.3872	32.4	27.4754	31.4	26.5676
13	36.8	31.5184	35.9	30.6849	34.9	29.7627	33.9	28.8446	32.8	27.8396	31.8	26.9302
12	37.3	31.9830	36.3	31.2333	35.3	30.1310	34.3	29.2114	33.3	28.2958	32.3	27.3844
11	37.7	32.3554	36.7	31.4256	35.7	30.5001	34.7	29.5787	33.7	28.6615	32.7	27.7485
10	38.1	32.7284	37.1	31.7970	36.1	30.8698	35.1	29.9468	34.1	29.0279	33.1	28.1132
9	38.5	33.1022	37.5	32.1691	36.5	31.2402	35.5	30.3155	34.5	29.395	33.5	28.4786
8	38.9	33.4766	37.9	32.5418	36.9	31.6112	36.0	30.7773	35.0	29.8547	33.9	28.8446
7	39.3	33.8518	38.3	32.9152	37.3	31.9830	36.4	31.1475	35.4	30.2232	34.4	29.3031
6	39.7	34.2276	38.8	33.3830	37.8	32.4486	36.8	31.5184	35.8	30.5924	34.8	29.6707
5	40.1	34.6041	39.2	33.7579	38.2	32.8218	37.2	31.8900	36.2	30.9623	35.2	30.0389
4	40.5	34.9813	39.6	34.1336	38.6	33.1957	37.6	32.2622	36.6	31.3329	35.6	30.4078
3	40.9	35.3592	40.0	34.5099	39.0	33.5704	38.0	32.6351	37.1	31.7970	36.0	30.7773
2	41.3	35.7378	40.4	34.8869	39.4	33.9457	38.4	33.0087	37.5	32.1691	36.5	31.2402
1	41.7	36.1170	40.8	35.2646	39.8	34.3217	38.9	33.4766	37.9	32.5418	36.9	31.6112
0	42.1	36.4970	41.2	35.6430	40.2	34.6983	39.3	33.8518	38.3	32.9152	37.3	31.9830

续表

溶液温度/℃	酒精计读数											
	28		27		26		25		24		23	
	温度在20℃时用体积百分数或质量百分数表示酒精度											
	体积分数	质量分数	体积分数	质量分数	体积分数	质量分数	体积分数	质量分数	体积分数	质量分数	体积分数	质量分数
40	20.4	16.8448	19.4	15.9841	18.6	15.2982	17.8	14.6147	17.0	13.9336	16.2	13.2549
39	20.8	17.1901	19.8	16.3279	19.0	15.6408	18.2	14.9562	17.4	14.2739	16.5	13.5091
38	21.2	17.5361	20.2	16.6724	19.3	15.8982	18.5	15.2126	17.7	14.5295	16.9	13.8486
37	21.5	17.7960	20.5	16.9311	19.7	16.2419	18.9	15.5551	18.0	14.7854	17.2	14.1037
36	21.9	18.1430	20.9	17.2766	20.1	16.5862	19.2	15.8124	18.4	15.1271	17.6	14.4442
35	22.3	18.4906	21.3	17.6227	20.4	16.8448	19.6	16.1559	18.8	15.4695	17.9	14.7000
34	22.7	18.8388	21.7	17.9694	20.8	17.1901	20.0	16.5001	19.1	15.7266	18.2	14.9562
33	23.1	19.1877	22.2	18.4036	21.2	17.5361	20.3	16.7586	19.4	15.9841	18.6	15.2982
32	23.4	19.4497	22.4	18.5776	21.6	17.8827	20.7	17.1038	19.8	16.3279	18.9	15.5551
31	23.8	19.7997	22.8	18.9260	21.9	18.1430	21.0	17.3630	20.2	16.6724	19.3	15.8982
30	24.2	20.1502	23.2	19.2750	22.3	18.4906	21.4	17.7093	20.5	16.9311	19.6	16.1559
29	24.6	20.5014	23.6	19.6246	22.7	18.8388	21.8	18.0562	20.8	17.1901	19.9	16.4140
28	24.9	20.7652	24.0	19.9749	23.0	19.1004	22.1	18.3167	21.2	17.5361	20.2	16.6724
27	25.3	21.1174	24.4	20.3257	23.4	19.4497	22.5	18.6646	21.5	17.7960	20.6	17.0174
26	25.7	21.4703	24.7	20.5893	23.8	19.7997	22.8	18.9260	21.9	18.1430	20.9	17.2766
25	26.1	21.8238	25.1	20.9412	24.1	20.0625	23.2	19.2750	22.2	18.4036	21.3	17.6227
24	26.4	22.0893	25.5	21.2938	24.5	20.4135	23.5	19.5372	22.6	18.7517	21.6	17.8827
23	26.8	22.4439	25.8	21.5586	24.9	20.7652	23.9	19.8872	22.9	19.0132	22.0	18.2298

22	27.2	22.7992	26.2	21.9123	25.3	21.1174	24.3	20.2379	23.3	19.3623	22.3	18.4906
21	27.6	23.1550	26.6	22.2666	25.6	21.3820	24.6	20.5014	23.6	19.6246	22.6	18.7517
20	28.0	23.5115	27.0	22.6215	26.0	21.7354	25.0	20.8532	24.0	19.9749	23.0	19.1004
19	28.4	23.8687	27.4	22.9770	26.4	22.0893	25.4	21.2056	24.4	20.3257	23.3	19.3623
18	28.8	24.2264	27.8	23.3332	26.7	22.3552	25.7	21.4703	24.7	20.5893	23.7	19.7121
17	29.2	24.5849	28.1	23.6008	27.1	22.7103	26.1	21.8238	25.1	20.9412	24.0	19.9749
16	29.6	24.9439	28.5	23.9581	27.5	23.0660	26.5	22.1779	25.4	21.2056	24.4	20.3257
15	30.0	25.3036	28.9	24.3160	27.9	23.4223	26.8	22.4439	25.8	21.5586	24.7	20.5893
14	30.4	25.6639	29.3	24.6746	28.4	23.8687	27.2	22.7992	26.2	21.9123	25.1	20.9412
13	30.8	26.0249	29.7	25.0338	28.7	24.1369	27.6	23.1550	26.5	22.1779	25.4	21.2056
12	31.2	26.3866	30.2	25.4837	29.1	24.4952	28.0	23.5115	26.9	22.5327	25.8	21.5586
11	31.6	26.7488	30.6	25.8444	29.5	24.8541	28.4	23.8687	27.3	22.8881	26.2	21.9123
10	32.0	27.1118	31.0	26.2057	29.9	25.2136	28.8	24.2264	27.7	23.2441	26.6	22.2666
9	32.5	27.5664	31.4	26.5676	30.3	25.5738	29.2	24.5849	28.1	23.6008	26.9	22.5327
8	32.9	27.9308	31.8	26.9302	30.7	25.9346	29.6	24.9439	28.5	23.9581	27.3	22.8881
7	33.3	28.2958	32.2	27.2935	31.1	26.2961	30.0	25.3036	28.9	24.3160	27.7	23.2441
6	33.7	28.6615	32.7	27.7485	31.6	26.7488	30.4	25.6639	29.3	24.6746	28.1	23.6008
5	34.2	29.1196	33.1	28.1132	32.0	27.1118	30.8	26.0249	29.7	25.0338	28.5	23.9581
4	34.6	29.4868	33.5	28.4786	32.4	27.4754	31.3	26.4771	30.1	25.3936	28.9	24.3160
3	35.0	29.8547	34.0	28.9363	32.9	27.9308	31.7	26.8395	30.5	25.7541	29.3	24.6746
2	35.4	30.2232	34.4	29.3031	33.3	28.2958	32.3	27.3844	30.9	26.1153	29.7	25.0338
1	35.9	30.6849	34.8	29.6707	33.7	28.6615	32.6	27.6574	31.4	26.5676	30.1	25.3936
0	36.3	31.0549	35.5	30.3155	34.2	29.1196	33.0	28.0220	31.8	26.9302	30.6	25.8444

续表

溶液温度/℃	酒精计读数											
	22		21		20		19		18		17	
	温度在20℃时用体积百分数或质量百分数表示酒精度											
	体积分数	质量分数	体积分数	质量分数	体积分数	质量分数	体积分数	质量分数	体积分数	质量分数	体积分数	质量分数
40	15. 2	12. 4097	14. 4	11. 7363	13. 6	11. 0651	13. 0	10. 5633	12. 2	9. 8962	11. 4	9. 2314
39	15. 5	12. 6629	14. 7	11. 9886	13. 9	11. 3165	13. 3	10. 8141	12. 5	10. 1461	11. 7	9. 4804
38	15. 9	13. 0009	15. 1	12. 3254	14. 2	11. 5683	13. 6	11. 0651	12. 8	10. 3963	12. 0	9. 7298
37	16. 2	13. 2549	15. 4	12. 5785	14. 6	11. 9044	13. 9	11. 3165	13. 1	10. 6468	12. 2	9. 8962
36	16. 6	13. 5939	15. 7	12. 8319	14. 9	12. 1569	14. 2	11. 5683	13. 4	10. 8977	12. 5	10. 1461
35	16. 9	13. 8486	16. 0	13. 0856	15. 2	12. 4097	14. 5	11. 8203	13. 6	11. 0651	12. 8	10. 3963
34	17. 2	14. 1037	16. 4	13. 4243	15. 5	12. 6629	14. 8	12. 0727	13. 9	11. 3165	13. 1	10. 6468
33	17. 6	14. 4442	16. 7	13. 6788	15. 8	12. 9164	15. 1	12. 3254	14. 2	11. 5683	13. 4	10. 8977
32	17. 9	14. 7000	17. 0	13. 9336	16. 2	13. 2549	15. 4	12. 5785	14. 5	11. 8203	13. 6	11. 0651
31	18. 3	15. 0416	17. 4	14. 2739	16. 5	13. 5091	15. 7	12. 8319	14. 8	12. 0727	13. 9	11. 3165
30	18. 6	15. 2982	17. 7	14. 5295	16. 8	13. 7637	16. 0	13. 0856	15. 1	12. 3254	14. 2	11. 5683
29	19. 0	15. 6408	18. 0	14. 7854	17. 2	14. 1037	16. 3	13. 3396	15. 4	12. 5785	14. 5	11. 8203
28	19. 3	15. 8982	18. 4	15. 1271	17. 5	14. 3590	16. 6	13. 5939	15. 7	12. 8319	14. 8	12. 0727
27	19. 6	16. 1559	18. 7	15. 3838	17. 8	14. 6147	16. 9	13. 8486	16. 0	13. 0856	15. 1	12. 3254
26	20. 0	16. 5001	19. 0	15. 6408	18. 1	14. 8708	17. 2	14. 1037	16. 3	13. 3396	15. 4	12. 5785
25	20. 3	16. 7586	19. 4	15. 9841	18. 4	15. 1271	17. 5	14. 3590	16. 6	13. 5939	15. 6	12. 7474
24	20. 7	17. 1038	19. 7	16. 2419	18. 7	15. 3838	17. 8	14. 6147	16. 9	13. 8486	15. 9	13. 0009
23	21. 0	17. 3630	20. 0	16. 5001	19. 0	15. 6408	18. 1	14. 8708	17. 1	14. 0186	16. 2	13. 2549

22	21. 3	17. 6227	20. 4	16. 8448	19. 4	15. 9841	18. 4	15. 1271	17. 4	14. 2739	16. 5	13. 5091
21	21. 7	17. 9694	20. 7	17. 1038	19. 7	16. 2419	18. 7	15. 3838	17. 7	14. 5295	16. 7	13. 6788
20	22. 0	18. 2298	21. 0	17. 3630	20. 0	16. 5001	19. 0	15. 6408	18. 0	14. 7854	17. 1	14. 0186
19	22. 3	18. 4906	21. 3	17. 6227	20. 3	16. 7586	19. 3	15. 8982	18. 3	15. 0416	17. 3	14. 1888
18	22. 6	18. 7517	21. 6	17. 8827	20. 6	17. 0174	19. 6	16. 1559	18. 6	15. 2982	17. 6	14. 4442
17	23. 0	19. 1004	22. 0	18. 2298	20. 9	17. 2766	19. 9	16. 4140	18. 9	15. 5551	17. 8	14. 6147
16	23. 3	19. 3623	22. 3	18. 4906	21. 2	17. 5361	20. 2	16. 6724	19. 2	15. 8124	18. 1	14. 8708
15	23. 7	19. 7121	22. 6	18. 7517	21. 6	17. 8827	20. 5	16. 9311	19. 4	15. 9841	18. 3	15. 0416
14	24. 0	19. 9749	23. 0	19. 1004	21. 9	18. 1430	20. 8	17. 1901	19. 7	16. 2419	18. 6	15. 2982
13	24. 4	20. 3257	23. 3	19. 3623	22. 2	18. 4036	21. 1	17. 4496	20. 0	16. 5001	18. 8	15. 4695
12	24. 7	20. 5893	23. 6	19. 6246	22. 5	18. 6646	21. 4	17. 7093	20. 2	16. 6724	19. 1	15. 7266
11	25. 0	20. 8532	23. 9	19. 8872	22. 8	18. 9260	21. 7	17. 9694	20. 5	16. 9311	19. 4	15. 9841
10	25. 4	21. 2056	24. 3	20. 2379	23. 1	19. 1877	22. 0	18. 2298	20. 8	17. 1901	19. 6	16. 1559
9	25. 8	21. 5586	24. 6	20. 5014	23. 4	19. 4497	22. 3	18. 4906	21. 1	17. 4496	19. 9	16. 4140
8	26. 1	21. 8238	24. 9	20. 7652	23. 8	19. 7997	22. 6	18. 7517	21. 3	17. 6227	20. 1	16. 5862
7	26. 5	22. 1779	25. 3	21. 1174	24. 1	20. 0625	22. 8	18. 9260	21. 6	17. 8827	20. 4	16. 8448
6	26. 9	22. 5327	25. 6	21. 3820	24. 4	20. 3257	23. 2	19. 2750	21. 9	18. 1430	20. 6	17. 0174
5	27. 2	22. 7992	26. 0	21. 7354	24. 7	20. 5893	23. 4	19. 4497	22. 2	18. 4036	20. 9	17. 2766
4	27. 6	23. 1550	26. 4	22. 0893	25. 1	20. 9412	23. 8	19. 7997	22. 5	18. 6646	21. 1	17. 4496
3	28. 0	23. 5115	26. 8	22. 4439	25. 4	21. 2056	24. 1	20. 0625	22. 7	18. 8388	21. 4	17. 7093
2	28. 4	23. 8687	27. 1	22. 7103	25. 8	21. 5586	24. 4	20. 3257	23. 0	19. 1004	21. 6	17. 8827
1	28. 8	24. 2264	27. 5	23. 0660	26. 1	21. 8238	24. 7	20. 5893	23. 3	19. 3623	21. 8	18. 0562
0	29. 2	24. 5849	27. 9	23. 4223	26. 5	22. 1779	25. 1	20. 9412	23. 6	19. 6246	22. 0	18. 2298

续表

溶液温度/℃	酒精计读数											
	16		15		14		13		12		11	
	温度在20℃时用体积百分数或质量百分数表示酒精度											
	体积分数	质量分数	体积分数	质量分数	体积分数	质量分数	体积分数	质量分数	体积分数	质量分数	体积分数	质量分数
40	10.8	8.7343	10.0	8.0734	9.2	7.4149	8.4	6.7585	7.6	6.1044	6.8	5.4526
39	11.1	8.9827	10.2	8.2384	9.4	7.5793	8.6	6.9224	7.8	6.2678	7.0	5.6153
38	11.3	9.1484	10.5	8.4862	9.7	7.8262	8.9	7.1685	8.0	6.4312	7.2	5.7782
37	11.6	9.3974	10.8	8.7343	9.9	7.991	9.1	7.3327	8.3	6.6766	7.4	5.9413
36	11.8	9.5635	11.0	8.8998	10.2	8.2384	9.3	7.4971	8.5	6.8404	7.6	6.1044
35	12.1	9.8130	11.2	9.0655	10.4	8.4036	9.6	7.7439	8.7	7.0044	7.9	6.3495
34	12.4	10.0627	11.5	9.3144	10.6	8.5688	9.8	7.9086	8.9	7.1685	8.1	6.5130
33	12.6	10.2295	11.8	9.5635	10.9	8.8170	10.0	8.0734	9.1	7.3327	8.3	6.6766
32	12.9	10.4798	12.0	9.7298	11.0	8.8998	10.2	8.2384	9.4	7.5793	8.5	6.8404
31	13.1	10.6468	12.2	9.8962	11.4	9.2314	10.5	8.4862	9.6	7.7439	8.7	7.0044
30	13.4	10.8977	12.5	10.1461	11.6	9.3974	10.7	8.6515	9.8	7.9086	8.9	7.1685
29	13.6	11.0651	12.7	10.3129	11.8	9.5635	10.9	8.8170	10.0	8.0734	9.1	7.3327
28	13.9	11.3165	13.0	10.5633	12.1	9.8130	11.2	9.0655	10.3	8.321	9.3	7.4971
27	14.2	11.5683	13.2	10.7304	12.3	9.9795	11.4	9.2314	10.5	8.4862	9.5	7.6616
26	14.4	11.7363	13.5	10.9814	12.6	10.2295	11.7	9.4804	10.7	8.6515	9.8	7.9086
25	14.7	11.9886	13.8	11.2327	12.8	10.3963	11.9	9.6466	10.8	8.7343	10.0	8.0734
24	15.0	12.2412	14.0	11.4004	13.1	10.6468	12.1	9.8130	11.2	9.0655	10.2	8.2384
23	15.2	12.4097	14.3	11.6523	13.3	10.8141	12.3	9.9795	11.4	9.2314	10.4	8.4036

22	15.5	12.6629	14.5	11.8203	13.6	11.0651	12.6	10.2295	11.6	9.3974	10.6	8.5688
21	15.7	12.8319	14.8	12.0727	13.8	11.2327	12.9	10.4798	11.8	9.5635	10.8	8.7343
20	16.0	13.0856	15.0	12.2412	14.0	11.4004	13.0	10.5633	12.0	9.7298	11.0	8.8998
19	16.3	13.3396	15.2	12.4097	14.2	11.5683	13.2	10.7304	12.2	9.8962	11.2	9.0655
18	16.5	13.5091	15.5	12.6629	14.4	11.7363	13.4	10.8977	12.4	10.0627	11.4	9.2314
17.0	16.8	13.7637	15.7	12.8319	14.7	11.9886	13.6	11.0651	12.6	10.2295	11.5	9.3144
16	17	13.9336	15.9	13.0009	14.9	12.1569	13.8	11.2327	12.8	10.3963	11.7	9.4804
15	17.2	14.1037	16.2	13.2549	15.1	12.3254	14.0	11.4004	12.9	10.4798	11.9	9.6466
14	17.5	14.3590	16.4	13.4243	15.3	12.4941	14.2	11.5683	13.1	10.6468	12.0	9.7298
13	17.7	14.5295	16.6	13.5939	15.5	12.6629	14.4	11.7363	13.2	10.7304	12.2	9.8962
12	18.0	14.7854	16.8	13.7637	15.7	12.8319	14.5	11.8203	13.4	10.8977	12.3	9.9795
11	18.2	14.9562	17.0	13.9336	15.8	12.9164	14.7	11.9886	13.6	11.0651	12.4	10.0627
10	18.4	15.1271	17.2	14.1037	16.0	13.0856	14.9	12.1569	13.7	11.1489	12.6	10.2295
9	18.6	15.2982	17.4	14.2739	16.2	13.2549	15.0	12.2412	13.8	11.2327	12.7	10.3129
8	18.9	15.5551	17.6	14.4442	16.4	13.4243	15.1	12.3254	14.0	11.4004	12.8	10.3963
7	19.1	15.7266	17.8	14.6147	16.5	13.5091	15.3	12.4941	14.1	11.4843	12.9	10.4798
6	19.3	15.8982	18.0	14.7854	16.7	13.6788	15.4	12.5785	14.2	11.5683	13.0	10.5633
5	19.5	16.0700	18.2	14.9562	16.8	13.7637	15.6	12.7474	14.3	11.6523	13.0	10.5633
4	19.7	16.2419	18.3	15.0416	17.0	13.9336	15.7	12.8319	14.4	11.7363	13.1	10.6468
3	19.9	16.4140	18.5	15.2126	17.1	14.0186	15.8	12.9164	14.5	11.8203	13.2	10.7304
2	20.1	16.5862	18.6	15.2982	17.2	14.1037	15.9	13.0009	14.5	11.8203	13.2	10.7304
1	20.3	16.7586	18.8	15.4695	17.3	14.1888	15.9	13.0009	14.6	11.9044	13.3	10.8141
0	20.5	16.9311	19.0	15.6408	17.5	14.3590	16.0	13.0856	14.6	11.9044	13.3	10.8141

续表

溶液温度/℃	酒精计读数											
	10		9		8		7		6		5	
	温度在20℃时用体积百分数或质量百分数表示酒精度											
	体积分数	质量分数	体积分数	质量分数	体积分数	质量分数	体积分数	质量分数	体积分数	质量分数	体积分数	质量分数
40	5. 8	4. 6409	5. 0	3. 9940	4. 2	3. 3493	3. 4	2. 7067	2. 4	1. 9066	1. 6	1. 2689
39	6. 0	4. 8029	5. 2	4. 1555	4. 4	3. 5102	3. 6	2. 8672	2. 6	2. 0664	1. 8	1. 4281
38	6. 2	4. 9651	5. 4	4. 3171	4. 6	3. 6713	3. 8	3. 0277	2. 8	2. 2262	1. 9	1. 5078
37	6. 4	5. 1275	5. 6	4. 4789	4. 8	3. 8326	3. 9	3. 1081	2. 9	2. 3062	2. 1	1. 6672
36	6. 6	5. 2900	5. 8	4. 6409	5. 0	3. 994	4. 1	3. 2688	3. 1	2. 4663	2. 3	1. 8268
35	6. 8	5. 4526	6. 0	4. 8029	5. 2	4. 1555	4. 3	3. 4297	3. 3	2. 6266	2. 4	1. 9066
34	7. 1	5. 6968	6. 2	4. 9651	5. 3	4. 2363	4. 5	3. 5908	3. 5	2. 7869	2. 6	2. 0664
33	7. 3	5. 8597	6. 4	5. 1275	5. 5	4. 3980	4. 7	3. 7519	3. 7	2. 9474	2. 8	2. 2262
32	7. 5	6. 0228	6. 6	5. 2900	5. 7	4. 5599	4. 8	3. 8326	3. 8	3. 0277	3. 0	2. 3863
31	7. 7	6. 1861	6. 8	5. 4526	5. 9	4. 7219	5. 0	3. 9940	4. 0	3. 1884	3. 1	2. 4663
30	7. 9	6. 3495	7. 0	5. 6153	6. 1	4. 8840	5. 2	4. 1555	4. 2	3. 3493	3. 3	2. 6266
29	8. 2	6. 5948	7. 2	5. 7782	6. 3	5. 0463	5. 4	4. 3171	4. 4	3. 5102	3. 5	2. 7869
28	8. 4	6. 7585	7. 5	6. 0228	6. 5	5. 2087	5. 6	4. 4789	4. 6	3. 6713	3. 7	2. 9474
27	8. 6	6. 9224	7. 7	6. 1861	6. 7	5. 3713	5. 8	4. 6409	4. 8	3. 8326	3. 9	3. 1081
26	8. 8	7. 0864	7. 9	6. 3495	6. 9	5. 5339	6. 0	4. 8029	5. 0	3. 9940	4. 0	3. 1884
25	9. 0	7. 2506	8. 1	6. 5130	7. 1	5. 6968	6. 2	4. 9651	5. 2	4. 1555	4. 2	3. 3493
24	9. 2	7. 4149	8. 3	6. 6766	7. 3	5. 8597	6. 3	5. 0463	5. 4	4. 3171	4. 4	3. 5102
23	9. 4	7. 5793	8. 4	6. 7585	7. 5	6. 0228	6. 5	5. 2087	5. 5	4. 3980	4. 6	3. 6713

22	9.6	7.7439	8.6	6.9224	7.7	6.1861	6.7	5.3713	5.7	4.5599	4.7	3.7519
21	9.8	7.9086	8.8	7.0864	7.8	6.2678	6.8	5.4526	5.8	4.6409	4.8	3.8326
20	10.0	8.0734	9.0	7.2506	8.0	6.4312	7.0	5.6153	6.0	4.8029	5.0	3.9940
19	10.2	8.2384	9.2	7.4149	8.2	6.5948	7.2	5.7782	6.1	4.8840	5.1	4.0747
18	10.4	8.4036	9.3	7.4971	8.3	6.6766	7.3	5.8597	6.3	5.0463	5.3	4.2363
17	10.5	8.4862	9.5	7.6616	8.5	6.8404	7.4	5.9413	6.4	5.1275	5.4	4.3171
16	10.7	8.6515	9.6	7.7439	8.6	6.9224	7.6	6.1044	6.5	5.2087	5.5	4.3980
15	10.8	8.7343	9.8	7.9086	8.8	7.0864	7.7	6.1861	6.6	5.2900	5.6	4.4789
14	11.0	8.8998	9.9	7.9910	8.9	7.1685	7.8	6.2678	6.7	5.3713	5.7	4.5599
13	11.1	8.9827	10.0	8.0734	9.0	7.2506	7.9	6.3495	6.8	5.4526	5.8	4.6409
12	11.2	9.0655	10.1	8.1559	9.1	7.3327	8.0	6.4312	6.9	5.5339	6.9	5.5339
11	11.3	9.1484	10.2	8.2384	9.2	7.4149	8.1	6.513	7.0	5.6153	6.0	4.8029
10	11.4	9.2314	10.3	8.3210	9.3	7.4971	8.2	6.5948	7.1	5.6968	6.0	4.8029
9	11.5	9.3144	10.4	8.4036	9.3	7.4971	8.2	6.5948	7.1	5.6968	6.0	4.8029
8	11.6	9.3974	10.5	8.4862	9.4	7.5793	8.3	6.6766	7.2	5.7782	6.0	4.8029
7	11.7	9.4804	10.6	8.5688	9.5	7.6616	8.4	6.7585	7.2	5.7782	6.1	4.884
6	11.8	9.5635	10.6	8.5688	9.5	7.6616	8.4	6.7585	7.3	5.8597	6.2	4.9651
5	11.8	9.5635	10.7	8.6515	9.6	7.7439	8.4	6.7585	7.3	5.8597	6.2	4.9651
4	11.9	9.6466	10.7	8.6515	9.6	7.7439	8.4	6.7585	7.3	5.8597	6.2	4.9651
3	12.0	9.7298	10.8	8.7343	9.6	7.7439	8.4	6.7585	7.3	5.8597	6.2	4.9651
2	12.0	9.7298	10.8	8.7343	9.6	7.7439	8.4	6.7585	7.2	5.7782	6.1	4.8840
1	12.0	9.7298	10.8	8.7343	9.6	7.7439	8.4	6.7585	7.2	5.7782	6.1	4.8840
0	12.0	9.7298	10.8	8.7343	9.6	7.7439	8.4	6.7585	7.2	5.7782	6.0	4.8029

续表

溶液温度/℃	酒精计读数									
	4		3		2		1		0	
	温度在20℃时用体积百分数或质量百分数表示酒精度									
	体积分数	质量分数	体积分数	质量分数	体积分数	质量分数	体积分数	质量分数	体积分数	质量分数
40	0. 8	0. 6334								
39	1. 0	0. 7921								
38	1. 1	0. 8715	0. 1	0. 0791						
37	1. 3	1. 0304	0. 3	0. 2373						
36	1. 4	1. 1098	0. 4	0. 3164						
35	1. 6	1. 2689	0. 6	0. 4749						
34	1. 8	1. 4281	0. 8	0. 6334						
33	1. 9	1. 5078	0. 9	0. 7127						
32	2. 1	1. 6672	1. 1	0. 8715	0. 1	0. 0791				
31	2. 2	1. 747	1. 2	0. 9509	0. 2	0. 1582				
30	2. 4	1. 9066	1. 4	1. 1098	0. 4	0. 3164				
29	2. 5	1. 9865	1. 6	1. 2689	0. 6	0. 4749				
28	2. 7	2. 1463	1. 8	1. 4281	0. 8	0. 6334				
27	2. 9	2. 3062	1. 9	1. 5078	1. 0	0. 7921				
26	3. 1	2. 4663	2. 1	1. 6672	1. 1	0. 8715	0. 1	0. 0791		
25	3. 2	2. 5464	2. 3	1. 8268	1. 3	1. 0304	0. 3	0. 2373		
24	3. 4	2. 7067	2. 4	1. 9066	1. 4	1. 1098	0. 4	0. 3164		
23	3. 6	2. 8672	2. 6	2. 0664	1. 6	1. 2689	0. 6	0. 4749		

22	3. 7	2. 9474	2. 7	2. 1463	1. 7	1. 3485	0. 7	0. 5541		
21	3. 8	3. 0277	2. 9	2. 3062	1. 9	1. 5078	0. 9	0. 7127		
20	4. 0	3. 1884	3. 0	2. 3863	2. 0	1. 5875	1. 0	0. 7921	0. 0	
19	4. 1	3. 2688	3. 1	2. 4663	2. 1	1. 6672	1. 1	0. 8715	0. 1	0. 0791
18	4. 2	3. 3493	3. 2	2. 5464	2. 2	1. 747	1. 2	0. 9509	0. 2	0. 1582
17	4. 4	3. 5102	3. 4	2. 7067	2. 4	1. 9066	1. 3	1. 0304	0. 3	0. 2373
16	4. 5	3. 5908	3. 4	2. 7067	2. 4	1. 9066	1. 4	1. 1098	0. 4	0. 3164
15	4. 6	3. 6713	3. 6	2. 8672	2. 6	2. 0664	1. 5	1. 1894	0. 6	0. 4749
14	4. 7	3. 7519	3. 6	2. 8672	2. 6	2. 0664	1. 6	1. 2689	0. 6	0. 4749
13	4. 8	3. 8326	3. 7	2. 9474	2. 7	2. 1463	1. 7	1. 3485	0. 7	0. 5541
12	4. 8	3. 8326	3. 8	3. 0277	2. 8	2. 2262	1. 7	1. 3485	0. 7	0. 5541
11	4. 9	3. 9133	3. 9	3. 1081	2. 9	2. 3062	1. 8	1. 4281	0. 8	0. 6334
10	5. 0	3. 994	3. 9	3. 1081	2. 9	2. 3062	1. 9	1. 5078	0. 8	0. 6334
9	5. 0	3. 994	4. 0	3. 1884	2. 9	2. 3062	1. 9	1. 5078	0. 9	0. 7127
8	5. 0	3. 994	4. 0	3. 1884	2. 9	2. 3062	1. 9	1. 5078	0. 9	0. 7127
7	5. 1	4. 0747	4. 0	3. 1884	3. 0	2. 3863	1. 9	1. 5078	0. 9	0. 7127
6	5. 1	4. 0747	4. 0	3. 1884	3. 0	2. 3863	2. 0	1. 5875	0. 9	0. 7127
5	5. 1	4. 0747	4. 0	3. 1884	3. 0	2. 3863	2. 0	1. 5875	0. 9	0. 7127
4	5. 1	4. 0747	4. 0	3. 1884	3. 0	2. 3863	1. 9	1. 5078	0. 9	0. 7127
3	5. 1	4. 0747	4. 0	3. 1884	3. 0	2. 3863	1. 9	1. 5078	0. 9	0. 7127
2	5. 0	3. 9940	4. 0	3. 1884	2. 9	2. 3062	1. 9	1. 5078	0. 8	0. 6334
1	5. 0	3. 9940	4. 0	3. 1884	2. 9	2. 3062	1. 8	1. 4281	0. 8	0. 6334
0	5. 0	3. 9940	3. 9	3. 1081	2. 8	2. 2262	1. 8	1. 4281	0. 8	0. 6334

参考文献

[1]沈怡方.白酒生产技术全书[M].北京:中国轻工业出版社,2005.

[2]谭忠辉,尹昌树.新型白酒生产技术[M].成都:四川科学技术出版社,2001.

[3]韩北忠,童华荣,杜双奎.食品感官评价[M].北京:中国林业出版社,2016.

[4]孙宝国,吴继红,黄明泉,等.白酒风味化学研究进展[J].中国食品学报,2015(5):1-8.

[5]吴广黔.白酒的品评[M].北京:中国轻工业出版社,2008.

[6]李华.葡萄酒品尝学[M].北京:科学出版社,2006.

[7]张松英.简析白酒的品评勾兑与调味[J].酿酒科技,2012(4):76-79.

[8]王瑞明.白酒勾兑技术[M].北京:化学工业出版社,2011.

[9]范文来,徐岩.酒类风味化学[M].北京:中国轻工业出版社,2014.

[10]张宿义,许德富.泸型酒技艺大全[M].北京:中国轻工业出版社,2011.

[11]李大和.新型白酒生产与勾调技术问答[M].北京:中国轻工业出版社,2001.

[12]赖登燡.中国十种香型白酒工艺特点、香味特征及品评要点的研究[J].酿酒,2005(11):1-6.

[13]杨官荣.G·R 白酒品鉴[M].旅游教育出版社,2018.

[14]唐贤华.白酒感官品评训练[J].酿酒科技,2019(6):65-68.

[15]高月明,栗永清.品评与心理[J].酿酒,1995(5):18-22.

[16]张松英.简析白酒的品评勾兑与调味[J].酿酒科技,2012(4):76-79.

[17]查枢屏,葛向阳,李玉勤.白酒品评要点及解析[J].酿酒科技,2017(2):75-77.

[18]刘明,钟其顶,熊正河,等.酒类"风味轮"及在白酒感官描述分析技术上的应用前景[J].酿酒,2011(3):15-22.

[19]李大和,李国红.中国白酒勾调技术的发展[J].酿酒科技,2009(3):69-71.

[20]熊子书.泸州老窖酒勾兑技术的回顾[J].酿酒科技,2006(11):106-110.

[21]宋书玉.白酒计算机品评技术的发展[J].酿酒科技,2011(8):125-126.

[22]吴天祥.关于白酒酒度的换算和勾兑的计算方法[J].酿酒科技,1998(7):37-38.

[23]徐占成.酒体风味设计学[M].北京:新华出版社出版,2003.

[24]曾祖训.对白酒酒体的认识、体验与创新[J].酿酒,2014(3):3-5.

[25]卢中明,张宿义.浅析酒体设计与市场需求[J].酿酒科技,2003(1):105-106.